工程流体力学

赵立新　杨敬源　编著

GONGCHENG
LIUTI
LIXUE

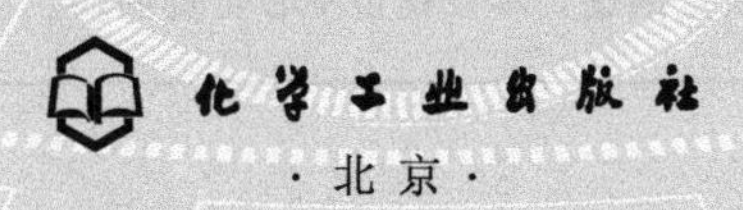

·北京·

内容简介

本书根据工程实际需求，讲解了常用的流体力学知识。主要内容包括：流体的概念和运动的描述、流体的平衡、流体运动基本方程、无黏性流体的一维流动、涡旋运动与势流流动、相似与量纲、黏性流体管内流动。每章都配有与工程实际相关的例题和习题，部分习题附有参考答案。

本书内容精炼，针对性强，不仅可作为高等学校理工科力学、工程热物理、水利、土木、热能、化工、环境等相关专业本科生或研究生的教材或课外参考书，还可供相关行业的工程技术人员学习使用。

图书在版编目（CIP）数据

工程流体力学/赵立新，杨敬源编著 .—北京：化学工业出版社，2020.10（2023.5重印）

ISBN 978-7-122-37548-3

Ⅰ.①工… Ⅱ.①赵… ②杨… Ⅲ.①工程力学-流体力学-高等学校-教材 Ⅳ.①TB126

中国版本图书馆CIP数据核字（2020）第153016号

责任编辑：贾　娜　　毛振威　　　　装帧设计：王晓宇
责任校对：宋　夏

出版发行：化学工业出版社(北京市东城区青年湖南街13号　邮政编码100011)
印　　装：北京盛通数码印刷有限公司
710mm×1000mm　1/16　印张 9¼　字数157千字
2023年5月北京第1版第3次印刷

购书咨询：010-64518888　　　　售后服务：010-64518899
网　　址：http://www.cip.com.cn
凡购买本书，如有缺损质量问题，本社销售中心负责调换。

定　　价：46.00元

前言

流体力学是一门基础性很强的学科，也是一门比较经典的学科。流体力学在工业技术中有着非常广泛的应用，涉及领域包括航空、航天、交通运输、水利、土木建筑，以及能源、动力、环保、石油、化工、矿山、医药、食品工程等。流体力学在日常生产生活中也具有举足轻重的地位，从微观上微细血管中的血液流动，到宏观上飓风、大气流动等自然现象，都涉及流体力学的知识。市面上有关工程流体力学的优秀教材有很多，但编者在教学实践中发现，适用于少学时（如 30～50 学时）的教材却很少。为此，我们编写了本教材，以方便工程流体力学相关基础知识的讲授与学习。

本书对工程中常用的流体力学知识进行了精编，共分 7 章，内容包括流体的概念和运动的描述、流体的平衡、流体运动基本方程、无黏性流体的一维流动、涡旋运动与势流流动、相似与量纲、黏性流体管内流动。每章都配有与工程实际相关的例题和习题，部分习题附有参考答案。

本书由赵立新、杨敬源共同编著。其中，杨敬源编写第 1、2 章，赵立新编写第 3～7 章，全书由赵立新负责统稿。本书在编写过程中，得到了同事、同行的大力支持与帮助，在此表示衷心的感谢！

因水平所限，书中疏漏之处在所难免，敬请广大读者和专家批评指正。

编著者

2020 年 6 月

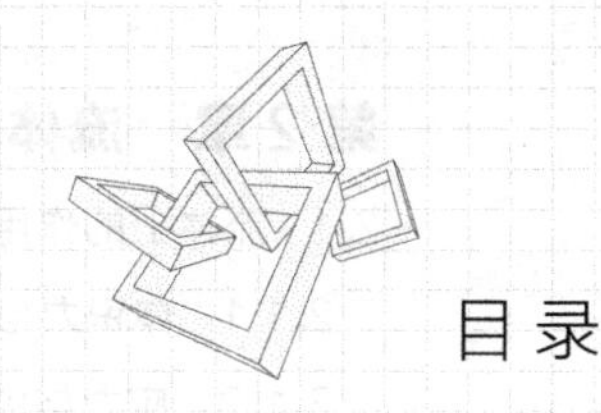

目录

第 2 章　流体的平衡　/ 036

第 3 章　流体运动基本方程　/ 056

第 4 章　无黏性流体的一维流动　/ 076

第7章 黏性流体管内流动 / 123

习题答案 / 137

参考文献 / 140

第1章 流体的概念和运动的描述

- 流体力学的研究对象与研究方法
- 流体的概念
- 连续介质假设
- 流体的黏滞现象
- 液体表面张力与润湿现象
- 流体运动的描述方法
- 迹线、流线与脉线
- 流体微观相对运动分析

1.1 流体力学的研究对象与研究方法

1.1.1 流体力学的研究对象

流体力学是一门基础性很强的学科，应用面非常广，研究对象也在不断地发展变化。20 世纪 60 年代以前，流体力学主要围绕航空、航天、航运、水利和各种管路系统展开，随后，逐步扩展到了能源、环保、石油、化工等行业领域。

在研究内容方面，流体力学也从研究流体的运动规律和流体与固体、液体或气体界面之间的相互作用力问题，扩展到了研究流体的传热和传质规律等。

流体力学与工程技术和经济建设有着非常密切的联系。例如，研究大气和海洋运动，可以做好天气与海情预报；研究各种飞行物体的运动，有助于了解它们的空气和水动力特性；研究河道、水渠、管路内的流动，可以掌握其中流体的运动规律，了解流体与壁面的相互作用关系；研究动力设备和化工设备中的流动，可以掌握流体的传热和传质规律。另外，油气田开发、地面集输、各行业工艺管网设计、机械润滑、农田灌溉、建筑与桥梁设计、汽车与高速列车造型设计、水力与风力发电、通风及空调工程、化学工程等方方面面（如图 1.1 所示），也都和流体力学有着密不可分的关系。

油气田开发

地面集输

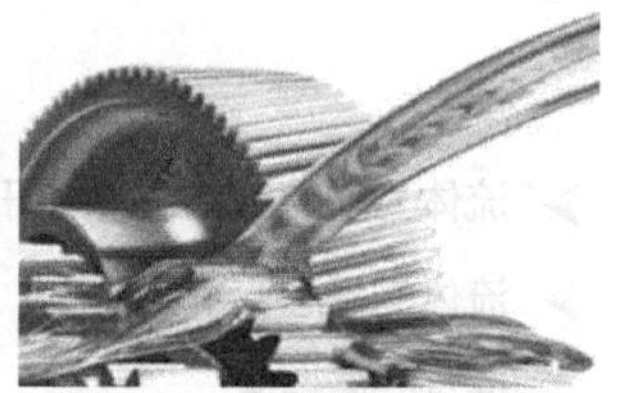
机械润滑

农田灌溉

建筑设计

高速列车造型设计

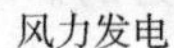
风力发电

通风与空调

化学工程

图 1.1　生产生活中的流体力学现象

1.1.2　流体力学的研究方法

解决流体力学问题的方法包括实验方法、分析方法与数值计算方法。

（1）实验方法

实验方法主要是针对实际研究的问题，设定无量纲相似参数及大小范围，设计制造实验模型，制定实验方案，开展具体实验研究。实验方法是最早被采用的一种方法，对流体力学研究意义重大。即使是现在，如果不使用实验方法，一些复杂系统的顺利实施仍是不可能的。

优点：能用来直接解决生产中的复杂问题，发现流动中的新现象、新原理，实验结果是用以检验其他方法是否正确的重要依据。

缺点：对不同情况需做不同实验，实验结果的普适性较差。

（2）分析方法

分析方法是继实验方法之后出现的一种方法，它是根据所求问题的实际情况做出一定的假设，简化流体运动方程组以及初始条件和边界条件，求此简化后的初值问题或边值问题的分析解，选取适当算例，利用分析解进行具体的数值计算，将所得算例结果与其他方法所得结果进行比较，以检验简化模型的合理性。

优点：分析解可明确给出各种物理与流动参量之间的变化关系，有较好的普适性。

缺点：数学上的难度很大，能获得的分析解数量也是有限的。

（3）数值计算方法

数值计算方法是利用计算机进行数值计算，是 20 世纪中叶才出现的一种方法。主要是对流体运动方程、初始条件或边界条件进行必要的简化，选取适当的数值计算方法，对简化的初值问题或边值问题进行离散化，编制程序，选取算例，进行具体计算，并将计算结果与实验或其他方法得到的结果进行比较。

优点： 许多用分析方法无法求解的问题，用此法可求得数值解。随着计算机运算速度的加快和存储容量的加大以及计算方法的不断改进，该方法将发挥越来越大的作用。

缺点： 仍是一种近似方法，其结果仍应与实验结果或其他精确结果进行比较。另外，该方法对复杂而缺乏完善数学模型的问题仍是无能为力的。

可以看出，三种研究方法各有优缺点，并相互补充。对于流体力学研究人员，应根据具体情况，对三种方法进行选取运用，以发挥最大作用。

1.2 流体的概念

自然界中物质的三种状态是固态、液态、气态。物质的三态是分子间相互作用的有序倾向及分子热运动的无序倾向共同作用的结果。物质的三种状态在一定条件下可以相互转化。

从流体力学的角度，所有物体包括两种形态：流体、固体。对固体来说，分子间的相互作用力较强，分子无规则运动较弱，因此有固定的形状和体积，不易变形和压缩；对于气体，分子间作用力较弱，无规则运动剧烈，因此无固定形状和体积，易于流动和压缩；而对于液体，则是介于固体和气体之间，有一定的体积，但没有固定的形状，易变形，不易压缩。固体能够通过静态变形抵抗剪切应力［图 1.2（a）］，而流体则不能。在静止状态下，固体的作用面可以同时承受剪切应力和法向应力，而流体在静止状态下只能承受法向应力（即静压力），当流体承受剪切应力时必然发生运动。因此说，**流体**是与固体相对应的一种物体形态，是液体和气体的总称［图 1.2（b）、（c）］，它由大量不断做热运动且无固定平衡位置的分子构成。

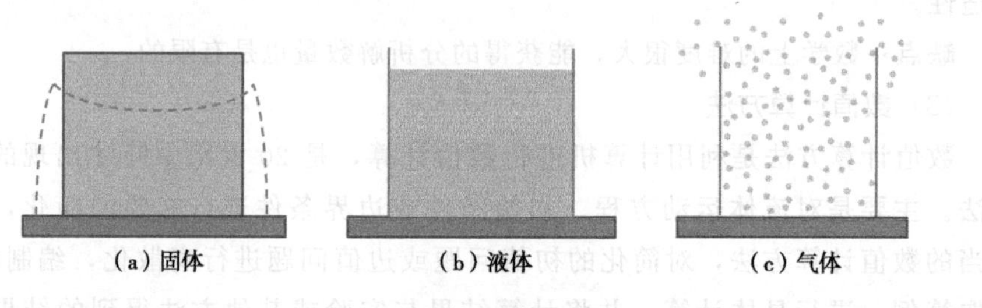

图 1.2 物体的三种形态

1.3　连续介质假设

流体是由分子组成的，而其分子间距远远大于流体分子本身的尺度。在任一时刻，流体分子离散、不连续地分布于流体所占据的空间，并随时间不断变化。

流体力学主要研究流体的宏观运动，研究对象并不是物质粒子本身，而是从这些物质抽象出来的模型，这种模型就是连续介质。所谓**连续介质假设**，是认为流体物质连续无间隙地分布于物质所占有的整个空间，流体宏观物理量是空间点及时间的连续函数。

在许多涉及流体力学的问题当中，空间密度等物理量有显著变化的尺度 L 一般远远大于分子间距 l，在一个远大于分子间距 l 且远小于空间物理量有显著变化的尺度 L 的尺度范围内，粒子结构的尺度 l 可以忽略，这样就可以不把物质看作是由离散粒子构成的，而是认为物质连续占据其所在空间，并在所取尺度上的物理量具有统计平均值，在空间上连续分布。这种理想化的介质就称为**连续介质**。

在连续介质中，常常把较微观粒子结构尺度大得多而较宏观特征尺度小得多的流体团称为**质点**。质点包含很多个流体分子，它在微观上是充分大的，在宏观上是充分小的。质点所具有的物理量是均匀的，连续介质是由连续分布的质点组成的，质点的物理量是流体所在空间上空间点的连续函数。

连续介质是一个宏观概念，当研究高空稀薄气体运动，或者研究微细血管中的血液流动时，连续介质假设就不适用了。

1.4　流体的黏滞现象

当物质处于非平衡状态时，会在某种机理作用下产生一个趋向于新平衡状态的自发过程。例如，对于流体来说，当速度不同时会产生动量传递，当温度不均匀时产生能量传递，而密度不同时会有质量传递，流体的这种性质就称作**输运性质**。在这里我们重点介绍动量输运，即**黏滞现象**。

1.4.1 流体的黏性

对于两块平板，如果沿着接触面做相对滑动时，它们之间就会产生阻碍相对滑动的摩擦力。在流体中，对于相邻的两层流体，如果存在相对运动时，也同样会产生平行于接触面的剪切力，即内摩擦力。运动快的流体会对运动慢的流体产生加速推动作用，相反，运动慢的流体会延缓运动快的流体的运动。流体静止时不存在黏性，只有当流体流动时才体现出黏性。

1.4.2 黏性定律

流体的黏滞现象在自然界中是普遍存在的。艾萨克·牛顿（Isaac Newton，1643—1727）于1687年首先发表了他开展的剪切流动实验结果。如图1.3所示，有两块表面积为S、水平放置的平行平板，平板间充满某种流体，两板间距为h，下板固定，上板在力F的作用下沿x方向以匀速U平移，现在来建立平板间的速度变化关系。

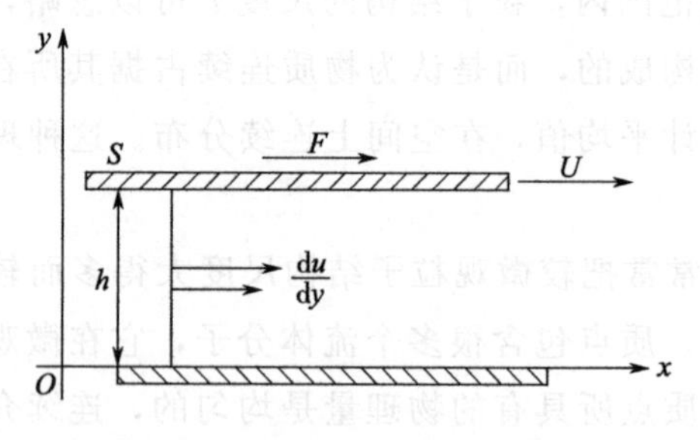

图1.3 平板间流体黏性实验

当两板间距h和平移速度U恰当地小时，两板间的各层流体将会在上板的带动下，做平行于平板的流动。

实验结果表明，上板平移所需要的力F的大小与平移速度U和平板表面积S成正比，与两板间距h成反比，即

$$F \propto \frac{SU}{h}$$

如将比例系数设为μ，则上式变换为

$$F = \mu \frac{SU}{h}$$

对于两平板间的任意两层流体，设相距为$\mathrm{d}y$，层间速度差为$\mathrm{d}u$，则可写出一般化的式子

$$F=\mu S\frac{du}{dy}$$

设剪切应力为 τ，则

$$\tau=\frac{F}{S}=\mu\frac{du}{dy}$$

即**一维黏性流动的牛顿黏性定律**，也称为**牛顿内摩擦定律**。上式中，τ 为黏性切应力；$\frac{du}{dy}$ 为速度梯度或剪切应变率，当两平板间流体的速度分布假定为线性分布时，$\frac{du}{dy}=\frac{U}{h}$；$\mu$ 为**动力黏度系数**，简称**黏度系数**（本书中如无特殊说明，均指动力黏度系数）。

在国际单位制（SI）中，黏度系数 μ 的单位为 Pa·s 或 kg/（m·s）。在CGS工程单位制中，μ 的单位为 g/（cm·s），又称为泊（P）。1Pa·s=10P，1mPa·s=1cP（厘泊）。

液体与气体由于微观结构的不同，导致黏性的特性不同。对于液体，温度升高，黏度系数减小，而气体则相反。压强对流体黏度系数的影响很小，但高压下流体的黏度系数随压强增加而增大。

以速度梯度（剪切应变率）$\frac{du}{dy}$ 为横坐标，剪切应力 τ 为纵坐标，绘出黏度系数 μ 的变化，如为线性，则为牛顿流体［如图 1.4（a）］，否则为非牛顿流体。牛顿流体与非牛顿流体的黏度曲线对比如图 1.4（b）所示。

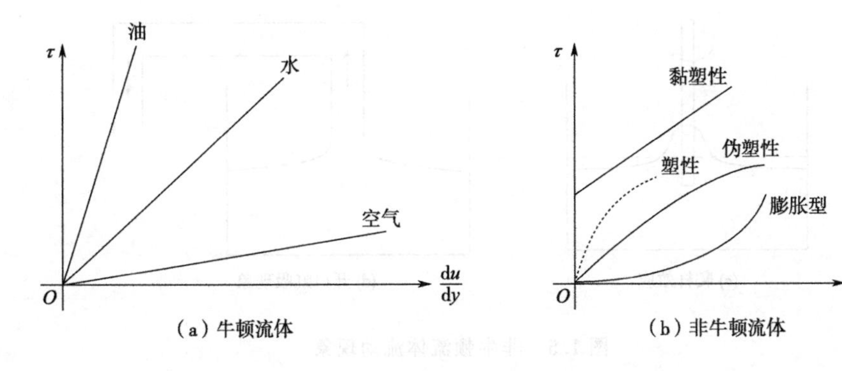

图 1.4　牛顿流体和非牛顿流体的黏度系数

由图 1.4（b）可以看出，对于非牛顿流体，曲线上不同点处对应的斜率（动力黏度系数）一般是不同的，这也是与牛顿流体的区别。我们把非牛顿流体黏度曲线上任一点处的斜率值（动力黏度系数）称作**表观黏度**。

非牛顿流体分为非时变性非牛顿流体（伪塑性流体、膨胀型流体、黏塑性流体、塑性流体）、时变性非牛顿流体（触变体、触稠体）和黏弹性流体。非牛顿流体在生产生活中是普遍存在的，如奶油、蜂蜜、蛋白、果酱、炼乳、琼脂、土豆浆、融化巧克力、面团、米粉团、沥青、水泥浆、高分子聚合物溶液、树胶、动物血液、油漆、油墨、牙膏、高含沙水流、泥石流等。

非牛顿流体的许多流动特性是与牛顿流体不同的，如固体核心现象［如图1.5（a）所示，黏塑性流体在管中流动时有一固体核心，核心无相对运动，近壁处有速度梯度存在］、射流胀大效应［如图1.5（b）所示，也称Barus效应或Merrington效应］、爬杆效应［如图1.5（c）所示，也称为Weissenberg效应］、开口虹吸［如图1.5（d）所示］或无管虹吸现象、湍流减阻（也称Toms效应）等；还有其他一些奇妙的特性，如拔丝特性（能拉伸成极细的细丝）、剪切变稠、剪切变稀、连滴效应（自由射流形成的小滴之间有液流小杆相连）、液流反弹等。

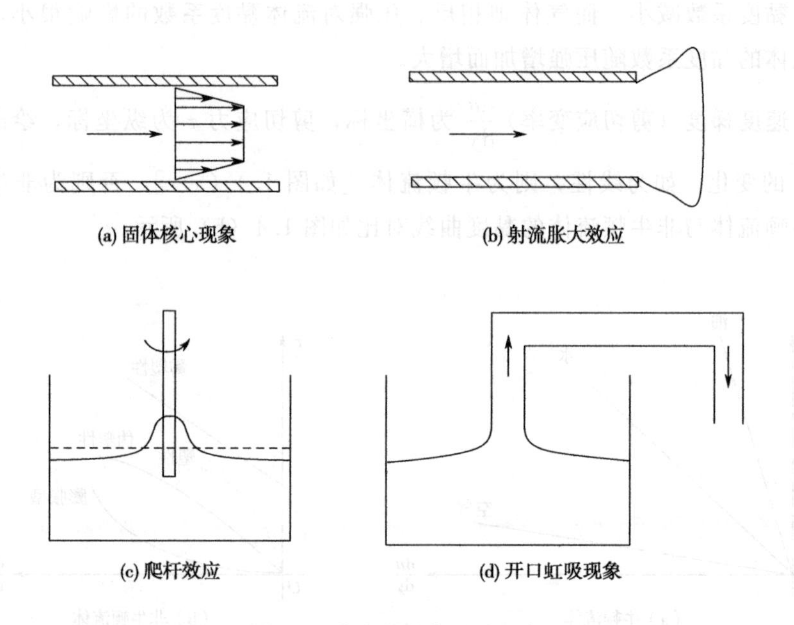

(a) 固体核心现象　(b) 射流胀大效应　(c) 爬杆效应　(d) 开口虹吸现象

图1.5　非牛顿流体流动现象

射流胀大效应　如果非牛顿流体从一个大容器流进一根毛细管，再从毛细管流出时，可以发现射流的直径比毛细管直径大。射流直径与毛细管直径之比称为模片胀大率，或称挤出物胀大比。对牛顿流体而言，取决于雷诺数（雷诺，

Osborne Reynolds，1842—1912）的大小，其值约为 0.88～1.12；而对高分子熔体或浓溶液，其值大得多，甚至可超过 10。例如，小孔挤出奶油的尺寸要远大于奶油挤出的孔的直径；面条机挤出的面条直径要大于孔道的内径，因此在设计面条机模具的孔道时要比想要得到的面条直径小一些。

爬杆效应　1944 年，Weissenberg 在英国伦敦帝国学院公开表演了一个有趣的实验：在一只有黏弹性流体的烧杯里旋转实验杆，对于牛顿流体，由于离心力的作用，液面呈凹形；而对于黏弹性流体，却向杯中心流动，并沿杆向上爬，液面变成凸形。

开口虹吸或无管虹吸现象　牛顿流体在虹吸实验时，如果将虹吸管提离液面，虹吸过程停止。但对高分子液体，将管慢慢地从液体中拔出时，即使管已不再插在液体里，液体仍可不断地从容器中抽出，继续流进管里。甚至可不用虹吸管，直接将装满该液体的烧杯微倾使液体流下，该过程将直到杯中液体全部流出才告终止。

湍流减阻　在牛顿流体中加入少量聚合物，在给定速率条件下可以看到显著的压差降低现象。虽然湍流减阻效应的原理尚未清楚，却已有不错的应用，如在消防水中添加少量聚乙烯氧化物，可使消防水龙头出水的扬程提高一倍以上。

剪切变稠　部分非牛顿流体的黏度随着所受压力或剪切力的增大而变大，甚至于瞬时呈现类固体状态。如：口香糖“砸”开椰子壳；快速揉搓淀粉溶液时，溶液会呈现固态，停止揉搓后又恢复为液态；快速行走在淀粉溶液池中；有的非牛顿流体甚至可以用作防弹材料，因为在受到快速冲击时，这种流体会呈现类固体状态；芝麻酱、肉馅搅拌速度快时搅拌变得吃力。

剪切变稀　部分非牛顿流体的黏度随着所受压力或剪切力的增大而变小。如：酸奶搅拌后变稀容易吸食；牙膏在快速挤出时甚至会呈现液态；洗发露、番茄酱也是挤出越快越省力。

拔丝特性　非牛顿液体经拉伸后可呈现非常细的丝状。如：棉花糖，拔丝红薯、菠萝、香蕉等。

除动力黏度系数以外，还有一个黏度系数称作**运动黏度系数** ν，它是流体动力黏度系数 μ 与同温度下该流体密度 ρ 的比值，即

$$\nu=\frac{\mu}{\rho}$$

ν 的单位是 m^2/s。

几种常见流体的黏度如表 1.1 所示。

表 1.1 几种常见流体的黏度

流体	温度 T/K	动力黏度 μ/Pa·s	运动黏度 ν/m²·s⁻¹
水	293	1.005×10^{-3}	1.007×10^{-6}
水蒸气	400	1.344×10^{-5}	2.426×10^{-5}
水银	300	1.532×10^{-3}	1.113×10^{-7}
汽油	293	0.310×10^{-3}	4.258×10^{-7}
润滑油	300	0.486	0.550×10^{-3}
空气	300	1.846×10^{-5}	1.590×10^{-5}

【例 1-1】 有两个平行平板，其间距 h 为 0.5mm，当两板间的相对速度 u 为 2m/s 时，板上受到剪切应力 τ 为 4000N/m²，求板间液体介质的黏度系数 μ。

解：

由公式 $\tau=\dfrac{F}{S}=\mu\dfrac{u}{h}$，得出

$$\mu=\frac{\tau h}{u}=\frac{4000\times0.5\times10^{-3}}{2}=1\ (\text{Pa}\cdot\text{s})$$

【例 1-2】 某温度下一液体介质的动力黏度 μ 为 3.0×10^{-3}Pa·s，密度 ρ 为 826kg/m³，求其运动黏度 ν。

解：

$\nu=\dfrac{\mu}{\rho}=\dfrac{3.0\times10^{-3}}{826}=3.63\times10^{-6}\ (\text{m}^2/\text{s})$。

【例 1-3】 一动力滑动轴承的轴径 $d=0.1$m，转速 $n=2830$r/min，轴承内径 $D=0.1006$m，宽度 $l=0.2$m，润滑油动力黏度 $\mu=0.326$Pa·s，求克服摩擦阻力需要消耗的功率 P。

解：

$h=\dfrac{D-d}{2}=\dfrac{0.1006-0.1}{2}=0.0003\ (\text{m})$；

轴承旋转的线速度 $v=\dfrac{\pi dn}{60}=\dfrac{3.1416\times0.1\times2830}{60}=14.82\ (\text{m/s})$；

$S=\pi dl=3.1416\times0.1\times0.2=0.0628\ (\text{m}^2)$；

$F=\mu\dfrac{Sv}{h}=\dfrac{0.326\times0.0628\times14.82}{0.0003}=1011.36\ (\text{N})$；

$P=Fv=1011.36\times14.82=15.0\ (\text{kW})$。

1.5　液体表面张力与润湿现象

在多相体系中相与相之间存在着界面，人们习惯上一般将气-液、气-固界面称为表面。

在液体的内部，相邻液体之间表现出的力是压力；而在液体表面，界面上液体间作用力却表现为拉力，即张力。由于液体内外受力的不同，导致具有弯曲液面的液体内外呈现出压强差，产生毛细现象等。

1.5.1　表面张力

表面张力现象有很多，如露水一般呈球形，某些昆虫可以踩在水面上（如图 1.6 所示），等等。从许多自然现象中可以发现，液体表面具有自动收缩的趋势，例如，一边可以自由滑动的浸入肥皂液的钢丝框架，在自由滑动边不施加外力时肥皂膜就会自动收缩。

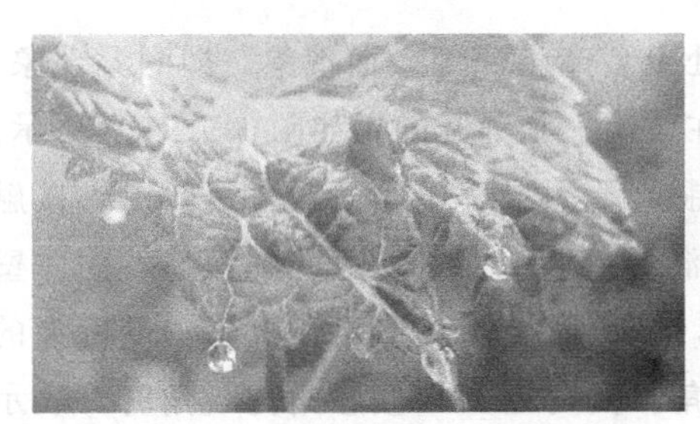
(a) 露水呈球形

(b) 昆虫踩水面

图 1.6　自然界中的表面张力现象

表面张力是液体表面层由于分子引力不均衡而产生的沿表面作用于任一界线上的张力。在上述液面内画一条截线，截线两侧的液面存在相互作用的拉力，即表面张力，该力与这条截线垂直并与该处液面相切。液体表面任意两相邻部分之间垂直于它们的单位长度分界线相互作用的拉力，称为**表面张力系数**，用 σ 表示。在国际单位制（SI）中，表面张力系数的单位为 N/m，工程上也常用达因/厘米（dyn/cm）作为单位，1dyn/cm=1mN/m。

表面张力的形成和处在液体表面薄层内的分子的特殊受力状态密切相关。实际上，表面张力产生在液体和气体接触的边界上，是分子力的一种表现，也是由表面层液体分子处于特殊情况决定的。位于液体内部的分子之间几乎是紧挨着的，分子间保持着一定的平衡距离，这也决定了液体分子不像气体分子那样可以无限扩散，而只能在平衡位置附近振动和旋转。在液体表面附近的分子由于只显著受到液体内侧分子的作用，受力不均，其中速度较大的分子很容易冲出液面，形成蒸汽，导致液体表面层的分子分布比内部分子分布更加稀疏。表面层分子间的斥力由于它们彼此间的距离增大而减小，因此，在这个特殊层中，分子间的引力作用占优势。这种表面层中任何两部分间的相互牵引力，促使液体表面层具有收缩的趋势。由于表面张力的作用，液体表面总是趋向于尽可能小，因此空气中的小液滴通常呈球形。

表面张力系数的大小受到液体种类、与液体相邻的物质种类、液面温度等的影响，例如温度越高、表面张力系数越小。

由于表面张力的存在，液面的内外会存在压强差，形成附加压强。对于呈现凸液面的，如水银温度计中的水银面，附加压强为正，即液面内的压强大于液面外的压强（一般为大气压）；对于呈现凹液面的，如液体中的气泡、细玻璃管中的水面等，附加压强则为负。

1.5.2 润湿现象

在液体与固体表面接触时，在接触处也会产生一种表面现象，即润湿现象。例如，水银在玻璃上收缩成球状，而水在玻璃上是铺开的，如图 1.7（a）所示。也就是说，水是润湿玻璃表面的，而水银是不润湿玻璃表面的。因此引入接触角的概念［如图 1.7（b）所示］来表明润湿或不润湿的程度。在液体、固体壁面和空气的交界处，作液体表面的切面，该切面与固体壁面在液体一侧所夹的角度 θ 称为这种液体对此种固体的**接触角**。同时定义当接触角为锐角时，表示液体润湿固体，0°时表示完全润湿固体，在固体表面铺展；当接触角为钝角时，表示液体不润湿固体，180°时表示液体完全不润湿固体。

水银与玻璃的接触角是 138°，因此水银在玻璃表面呈球状；水与清洁玻璃的接触角是 0°，因此呈铺展状态。

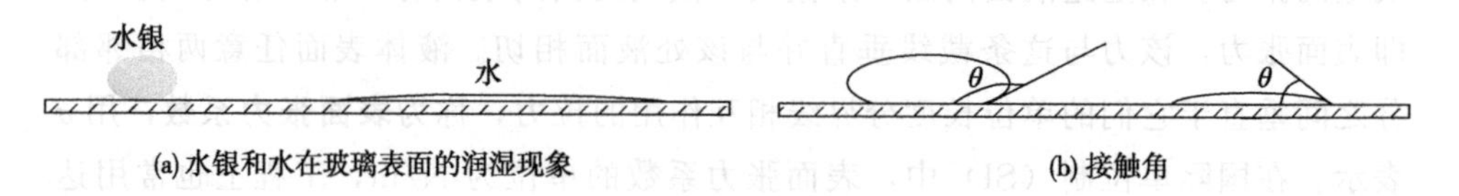

(a) 水银和水在玻璃表面的润湿现象　　(b) 接触角

图 1.7　润湿现象

润湿与否实际上取决于液体和固体的性质，即取决于固-液分子间的引力（附着力）与液-液分子间的引力（内聚力）两者之间的大小关系。当附着力大于内聚力时，液体分子倾向于润湿固体；反之，当内聚力大于附着力时，液体分子被吸引到液体内部，附着层呈收缩状，即呈现不润湿现象。

自然界中有很多利用或者回避润湿现象的例子。例如，我们在使用钢笔书写时，就是利用了书写纸能够被墨水润湿的特点；用苯乙烯类涂料喷涂金属或木器以防锈或防腐，是利用了水等液体不润湿苯乙烯的特点。

有些固体对同一种液体的润湿性在某些条件下是可以相互转化的，例如医学上用的脱脂棉在未脱脂前是不能被水润湿的，而脱脂后是可以被水润湿的。

另一个表征液-固表面润湿性的参数是滚动角。**滚动角**是指液滴在倾斜表面上刚好发生滚动时倾斜表面与水平面所形成的临界角度，以 α 表示（如图 1.8 所示），也就是当一个液滴放置在倾斜的固体表面而达到一种滚动前的临界状态时固体表面倾斜的角度。

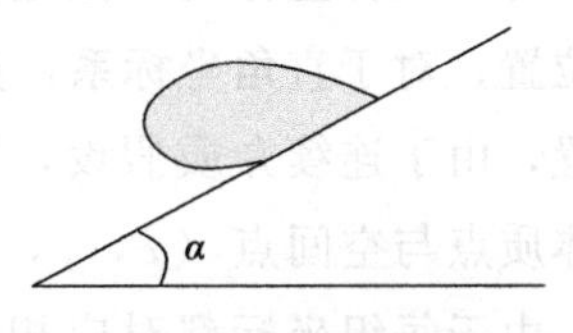

图 1.8　滚动角

工程上通常定义固-液表面接触角大于 150°、滚动角小于 10°的材料为超疏液材料。超疏液材料在工程上可以实现防腐防锈、耐污、减阻等功效。

在实践中，人们还利用表面喷涂、材料改性、表面织构处理等方式，试图通过更换液体接触的固体壁面、改变固体表面特性、降低附着力等手段，改变固-液之间的润湿性，获得固-液表面不同的润湿性能。

1.6　流体运动的描述方法

研究流体运动必须首先考虑流体运动物理量的描述方法。流体运动物理量的描述有两种方法：一种是根据连续介质假设，在 $t=t_0$ 时刻，任一质点都占有一空间点，因此可以以 $t=t_0$ 时刻的空间坐标作为每个流体质点的标记，流体质点的物理量表示为该标记及时间的函数；另一种是根据连续介质假设，流体所占区域的空间点在某一时刻必然被某一流体质点占据，因此流体在该空间点上的物理量，就是某一流体质点在某一时刻的物理量。

1.6.1　拉格朗日坐标与欧拉坐标

在流体力学研究中通常采用两种坐标，即拉格朗日（Lagrange）坐标和欧拉（Euler）坐标。

为区分流体运动中的各个质点，通常以各质点初始时刻$t=t_0$时的位置坐标（a，b，c）来表示，流体质点无论运动到流场中何位置，其拉格朗日坐标并不发生变化。不同质点以不同的数（a，b，c）来标记（表示），这组数（a，b，c）即**拉格朗日**（Lagrange）**坐标**。由于每组数始终跟随每个对应质点，因此拉格朗日坐标亦称随体坐标。如流体质点1、质点2分别用（a_1，b_1，c_1）、（a_2，b_2，c_2）表示其拉格朗日坐标。

另外一种坐标是欧拉坐标。流体质点在不同时刻会运动到流场中的某一空间位置，对于直角坐标系，如果以固定于空间的一组坐标（x，y，z）来表示该位置，由于连续介质假设，流体质点是连续分布在流体所占空间的，可以认为流体质点与空间点（x，y，z）是一一对应的，这组坐标称为**欧拉**（Euler）**坐标**。由于每组坐标都对应相应的空间点，因此欧拉坐标亦称空间坐标。如流体质点1、质点2分别用（x_1，y_1，z_1）、（x_2，y_2，z_2）表示其欧拉坐标。

对于柱坐标系，用（r，θ，z）表示；球坐标系则用（r，θ，φ）表示。

同一时刻不同流体质点处于不同的空间位置，因而具有不同的欧拉坐标，不同时刻的流体质点又可能处于相同的空间位置，因而具有相同的欧拉坐标。这些不同的流体质点在初始时刻又处在不同的空间位置，因此具有不同的拉格朗日坐标。可以看出，拉格朗日坐标和欧拉坐标之间既有不同又有联系。

1.6.2 拉格朗日描述法

拉格朗日坐标亦称随体坐标，因此拉格朗日描述也称为随体描述。这一描述着眼于流体质点，将流体质点的物理量表示为拉格朗日坐标及时间的函数。设拉格朗日坐标为（a，b，c），则以此坐标来表示流体质点的物理量，如位置矢径

$$\boldsymbol{r}=\boldsymbol{r}(a,\ b,\ c,\ t) \tag{1-1}$$

该式亦可根据采用的空间坐标系写成标量形式，如在直角坐标系中有

$$\begin{cases} x=x(a,\ b,\ c,\ t) \\ y=y(a,\ b,\ c,\ t) \\ z=z(a,\ b,\ c,\ t) \end{cases} \tag{1-2}$$

同理，质点速度的拉格朗日描述为

$$\boldsymbol{v}=\boldsymbol{v}(a,\ b,\ c,\ t) \tag{1-3}$$

在直角坐标系写成标量形式有

$$\begin{cases} u=u(a,\ b,\ c,\ t) \\ v=v(a,\ b,\ c,\ t) \\ w=w(a,\ b,\ c,\ t) \end{cases} \tag{1-4}$$

或

$$v_i(a,\ b,\ c,\ t)=\frac{\partial x_i(a,\ b,\ c,\ t)}{\partial t},\ i=1,\ 2,\ 3 \tag{1-5}$$

即

$$\begin{cases} u(a,\ b,\ c,\ t)=\dfrac{\partial x(a,\ b,\ c,\ t)}{\partial t} \\ v(a,\ b,\ c,\ t)=\dfrac{\partial y(a,\ b,\ c,\ t)}{\partial t} \\ w(a,\ b,\ c,\ t)=\dfrac{\partial z(a,\ b,\ c,\ t)}{\partial t} \end{cases} \tag{1-6}$$

对于压强，则其拉格朗日描述为

$$p=p(a,\ b,\ c,\ t) \tag{1-7}$$

对于任一物理量 F（速度、加速度、密度、压强、温度等），表示为

$$F=F(a,\ b,\ c,\ t) \tag{1-8}$$

1.6.3 欧拉描述法

欧拉坐标亦称空间坐标，因此欧拉描述也称为空间描述。这一描述着眼于空间点，它将流体物理量表示为欧拉坐标及时间的函数，在直角坐标系下流体质点物理量即表示为（x，y，z，t）的函数。当某一时刻一个物理量在空间上每一点的值确定时，则该时刻这一物理量在空间上的分布即得以确定，也可以说，该物理量在空间形成一个场。所以说，欧拉描述是对物理量的场的描述。

若流体某物理量以 f 表示，则其欧拉描述为

$$f=f(x,\ y,\ z,\ t) \tag{1-9}$$

例如速度的欧拉描述为

$$\boldsymbol{v}=\boldsymbol{v}(x,\ y,\ z,\ t) \tag{1-10}$$

压强的欧拉描述为

$$p=p(x,\ y,\ z,\ t) \tag{1-11}$$

欧拉描述给出了物理量的场，如速度场、密度场、压强场、温度场等。在流体力学研究中，往往人们并不关心某一个流体质点的运动物理量，更关心的是流体运动中各物理量的场的分布状态，因此说，欧拉描述（空间描述）是流体力学研究的主要描述方法。

欧拉描述在数学上相对简单，而拉格朗日描述在数学上相对难以求解。另外，采用拉格朗日描述得到的结果较多一些。

1.6.4 拉格朗日描述与欧拉描述之间的转换

两种描述方法的区别在于着眼点的不同，但描述的都是流体的运动。如，在 $t=t_0$ 时刻位于（a，b，c）点的流体质点在 t 时刻恰好运动到空间中的（x，y，z）位置，则有

$$\begin{aligned} f(x, y, z, t) &= f[x(a, b, c, t), y(a, b, c, t), z(a, b, c, t), t] \\ &= F(a, b, c, t) \end{aligned} \tag{1-12}$$

可见，这两种描述方法之间是存在联系的，且可以互相转换。

(1) 由拉格朗日描述转换为欧拉描述

以直角坐标系为例，已知流体质点的运动规律为

$$\begin{cases} x = x(a, b, c, t) \\ y = y(a, b, c, t) \\ z = z(a, b, c, t) \end{cases} \tag{1-13}$$

流体物理量的拉格朗日描述为 $F(a, b, c, t)$，求流体物理量的欧拉描述 $f(x, y, z, t)$。

对于式（1-13），如其函数行列式满足

$$\frac{\partial(x, y, z)}{\partial(a, b, c)} = \begin{vmatrix} \frac{\partial x}{\partial a} & \frac{\partial y}{\partial a} & \frac{\partial z}{\partial a} \\ \frac{\partial x}{\partial b} & \frac{\partial y}{\partial b} & \frac{\partial z}{\partial b} \\ \frac{\partial x}{\partial c} & \frac{\partial y}{\partial c} & \frac{\partial z}{\partial c} \end{vmatrix} \neq 0 \text{ 或 } \infty$$

即可由式（1-13）求解出

$$\begin{cases} a = a(x, y, z, t) \\ b = b(x, y, z, t) \\ c = c(x, y, z, t) \end{cases} \tag{1-14}$$

代入 $F(a, b, c, t)$，得

$$F[a(x, y, z, t), b(x, y, z, t), c(x, y, z, t), t] = f(x, y, z, t)$$

即完成了由物理量拉格朗日描述 $F(a, b, c, t)$ 向欧拉描述 $f(x, y, z, t)$ 的转换。

(2) 由欧拉描述转换为拉格朗日描述

如已知速度 v 的欧拉描述 v（x，y，z，t）和物理量 $f(x, y, z, t)$，需

首先求出其矢径表达式。因

$$\boldsymbol{v}=\frac{\mathrm{d}\boldsymbol{r}}{\mathrm{d}t}$$

或写成分量形式

$$\begin{cases}u(x, y, z, t)=\dfrac{\mathrm{d}x}{\mathrm{d}t}\\ v(x, y, z, t)=\dfrac{\mathrm{d}y}{\mathrm{d}t}\\ w(x, y, z, t)=\dfrac{\mathrm{d}z}{\mathrm{d}t}\end{cases} \tag{1-15}$$

积分求得

$$\boldsymbol{r}=\boldsymbol{r}(c_1, c_2, c_3, t)$$

或

$$\begin{cases}x=x(c_1, c_2, c_3, t)\\ y=y(c_1, c_2, c_3, t)\\ z=z(c_1, c_2, c_3, t)\end{cases} \tag{1-16}$$

因 $t=t_0$ 时，$\boldsymbol{r}=(a, b, c)$，可得

$$\begin{cases}c_1=c_1(a, b, c, t_0)\\ c_2=c_2(a, b, c, t_0)\\ c_3=c_3(a, b, c, t_0)\end{cases} \tag{1-17}$$

将式（1-17）代入式（1-16），可得欧拉变数与拉格朗日变数之间的关系式

$$\begin{cases}x=x(a, b, c, t)\\ y=y(a, b, c, t)\\ z=z(a, b, c, t)\end{cases} \tag{1-18}$$

这是流体质点的运动规律，也即流体质点运动的拉格朗日描述。将式（1-18）代入 $f(x, y, z, t)$，即可得物理量的拉格朗日描述 $F(a, b, c, t)$。

1.6.5　随体导数

在流体力学研究中，通常需要求流体质点的物理量随时间的变化率。例如，流体质点的加速度是流体质点速度随时间的变化率。流体质点物理量 f 随时间 t 的变化率称为**随体导数**，亦称**物质导数**、**质点导数**，记作 $\frac{\mathrm{D}f}{\mathrm{D}t}$。

拉格朗日描述为随体描述。在拉格朗日描述中，流体质点的物理量是用 $F=F(a, b, c, t)$ 表示的，自变量只有 t，因此其物理量的随体导数就是 F 对时间

t 的偏导数。由于只有一个变量 t，因此即对时间 t 的导数。

例如，流体速度 $\boldsymbol{v}$ 即流体质点位置矢径 $\boldsymbol{r}$ 对时间 t 的导数

$$\boldsymbol{v}(a, b, c, t)=\frac{\mathrm{D}\boldsymbol{r}}{\mathrm{D}t}=\frac{\mathrm{d}\boldsymbol{r}(a, b, c, t)}{\mathrm{d}t} \tag{1-19}$$

流体加速度 $\boldsymbol{a}$ 即流体速度 $\boldsymbol{v}$ 对时间 t 的导数

$$\boldsymbol{a}(a, b, c, t)=\frac{\mathrm{D}\boldsymbol{v}}{\mathrm{D}t}=\frac{\mathrm{d}\boldsymbol{v}(a, b, c, t)}{\mathrm{d}t}=\frac{\mathrm{d}^2\boldsymbol{r}(a, b, c, t)}{\mathrm{d}t^2} \tag{1-20}$$

速度写成标量形式，即

$$\begin{cases} u(a, b, c, t)=\dfrac{\mathrm{D}x}{\mathrm{D}t}=\dfrac{\mathrm{d}x(a, b, c, t)}{\mathrm{d}t} \\ v(a, b, c, t)=\dfrac{\mathrm{D}y}{\mathrm{D}t}=\dfrac{\mathrm{d}y(a, b, c, t)}{\mathrm{d}t} \\ w(a, b, c, t)=\dfrac{\mathrm{D}z}{\mathrm{D}t}=\dfrac{\mathrm{d}z(a, b, c, t)}{\mathrm{d}t} \end{cases} \tag{1-21}$$

加速度为

$$\begin{cases} a_x(a, b, c, t)=\dfrac{\mathrm{D}^2x}{\mathrm{D}t^2}=\dfrac{\mathrm{d}^2x(a, b, c, t)}{\mathrm{d}t^2} \\ a_y(a, b, c, t)=\dfrac{\mathrm{D}^2y}{\mathrm{D}t^2}=\dfrac{\mathrm{d}^2y(a, b, c, t)}{\mathrm{d}t^2} \\ a_z(a, b, c, t)=\dfrac{\mathrm{D}^2z}{\mathrm{D}t^2}=\dfrac{\mathrm{d}^2z(a, b, c, t)}{\mathrm{d}t^2} \end{cases} \tag{1-22}$$

在欧拉描述中，任一流体物理量在直角坐标系中表示为 $f=f(x, y, z, t)$，其中的 (x, y, z) 代表的是空间坐标，不同时刻经过该空间坐标的流体质点可能是变化的。因此，$\frac{\partial f}{\partial t}$ 并不代表随体导数，它表示的是物理量 f 在空间点 (x, y, z) 上的时间变化率。随体导数是指跟随 t 时刻位于空间点 (x, y, z) 上的那个流体质点物理量的时间变化率，即物理量 f 取自同一流体质点，而不是取自同一空间点。由式（1-12）可知

$$\begin{aligned} \frac{\mathrm{D}f(x, y, z, t)}{\mathrm{D}t} &= \frac{\mathrm{D}}{\mathrm{D}t} f\left[x(a, b, c, t), y(a, b, c, t), z(a, b, c, t), t\right] \\ &= \frac{\partial f}{\partial x}\times\frac{\partial x}{\partial t}+\frac{\partial f}{\partial y}\times\frac{\partial y}{\partial t}+\frac{\partial f}{\partial z}\times\frac{\partial z}{\partial t}+\frac{\partial f}{\partial t} \\ &= \frac{\partial f}{\partial x}u+\frac{\partial f}{\partial y}v+\frac{\partial f}{\partial z}w+\frac{\partial f}{\partial t} \\ &= (\boldsymbol{v}\cdot\nabla) f+\frac{\partial f}{\partial t} \end{aligned} \tag{1-23}$$

式中，∇为哈密顿（Hamilton）算子，$\nabla=\frac{\partial}{\partial x}\boldsymbol{i}+\frac{\partial}{\partial y}\boldsymbol{j}+\frac{\partial}{\partial z}\boldsymbol{k}$，是一个矢量。$\nabla$也是一个微分算子，$\nabla\cdot\boldsymbol{v}=\frac{\partial}{\partial x}u+\frac{\partial}{\partial y}v+\frac{\partial}{\partial z}w=\frac{\partial u}{\partial x}+\frac{\partial v}{\partial y}+\frac{\partial w}{\partial z}=\mathrm{div}\,\boldsymbol{v}$，表示速度 $\boldsymbol{v}$ 的散度；$\nabla\times\boldsymbol{v}=\begin{vmatrix}\boldsymbol{i} & \boldsymbol{j} & \boldsymbol{k}\\ \frac{\partial}{\partial x} & \frac{\partial}{\partial y} & \frac{\partial}{\partial z}\\ u & v & w\end{vmatrix}=\mathrm{rot}\boldsymbol{v}$，表示速度 $\boldsymbol{v}$ 的旋度。

将式（1-23）写成与坐标系和物理量 f 无关的表示形式，即

$$\frac{\mathrm{D}}{\mathrm{D}t}=\frac{\partial}{\partial t}+\boldsymbol{v}\cdot\nabla \tag{1-24}$$

式中，$\frac{\mathrm{D}}{\mathrm{D}t}$ 即随体导数，或称全导数；$\frac{\partial}{\partial t}$ 表示（x，y，z）不变时，在该空间点上的物理量随时间的变化率，称为局部导数，是由物理量不定常性造成的（定常时该项为零）；$\boldsymbol{v}\cdot\nabla$ 表示非均匀物理量场中由空间位置变化（有 $\boldsymbol{v}$ 存在）引起的，称为位变导数，其在三种情况下为零：

①$\boldsymbol{v}=0$，即流体静止；

② $\nabla=0$，即物理量场为均匀场；

③$\boldsymbol{v}\perp\nabla$，即速度 $\boldsymbol{v}$ 沿着物理量的等值面运动。

可见，对于物理量拉格朗日描述和欧拉描述的随体导数表达式不同，拉格朗日描述只有第一项，即偏导数，而欧拉描述则多了一项位变导数。

如果已知欧拉描述的速度 $\boldsymbol{v}$（x，y，z，t），则加速度 $\boldsymbol{a}$（x，y，z，t）即其随体导数：

$$\begin{aligned}\boldsymbol{a}(x, y, z, t)&=\frac{\mathrm{D}\boldsymbol{v}(x, y, z, t)}{\mathrm{D}t}\\&=\frac{\partial\boldsymbol{v}(x, y, z, t)}{\partial x}u+\frac{\partial\boldsymbol{v}(x, y, z, t)}{\partial y}v+\\&\quad\frac{\partial\boldsymbol{v}(x, y, z, t)}{\partial z}w+\frac{\partial\boldsymbol{v}(x, y, z, t)}{\partial t}\\&=(\boldsymbol{v}\cdot\nabla)\boldsymbol{v}+\frac{\partial\boldsymbol{v}}{\partial t}\end{aligned} \tag{1-25}$$

或写成分量形式

$$
\begin{cases}
a_x = \dfrac{\mathrm{D}u(x, y, z, t)}{\mathrm{D}t} = (\boldsymbol{v} \cdot \nabla) u + \dfrac{\partial u}{\partial t} \\
a_y = \dfrac{\mathrm{D}v(x, y, z, t)}{\mathrm{D}t} = (\boldsymbol{v} \cdot \nabla) v + \dfrac{\partial v}{\partial t} \\
a_z = \dfrac{\mathrm{D}w(x, y, z, t)}{\mathrm{D}t} = (\boldsymbol{v} \cdot \nabla) w + \dfrac{\partial w}{\partial t}
\end{cases}
\tag{1-26}
$$

【例 1-4】 已知某平面流动的拉格朗日描述为

$$x = a\mathrm{e}^{-t}, \quad y = b\mathrm{e}^{t} \tag{1-27}$$

求流动速度和加速度的欧拉描述。

解：

由已知，$t=0$ 时，$(x, y)=(a, b)$。因已知的描述为拉格朗日描述，则首先计算函数行列式是否为 0 或∞，以判别是否存在单值解。

因

$$\frac{\partial(x, y)}{\partial(a, b)} = \begin{vmatrix} \dfrac{\partial x}{\partial a} & \dfrac{\partial y}{\partial a} \\ \dfrac{\partial x}{\partial b} & \dfrac{\partial y}{\partial b} \end{vmatrix} = \begin{vmatrix} \mathrm{e}^{-t} & 0 \\ 0 & \mathrm{e}^{t} \end{vmatrix} = 1 \neq 0 \text{ 或 } \infty$$

可利用二阶行列式求解二元一次方程组，得

$$a = x\mathrm{e}^{t}, \quad b = y\mathrm{e}^{-t} \tag{1-28}$$

由于本例题已知中的表达式简单，不通过二阶行列式亦可求得上式。

由式（1-27）求偏导，可得

$$u = \frac{\partial x}{\partial t} = -a\mathrm{e}^{-t}, \quad v = \frac{\partial y}{\partial t} = b\mathrm{e}^{t} \tag{1-29}$$

$$a_x = \frac{\partial u}{\partial t} = a\mathrm{e}^{-t}, \quad a_y = \frac{\partial v}{\partial t} = b\mathrm{e}^{t} \tag{1-30}$$

将式（1-28）代入式（1-29）和式（1-30），可得速度和加速度的欧拉描述

$$u = -x, \quad v = y \tag{1-31}$$

$$a_x = x, \quad a_y = y \tag{1-32}$$

求解完毕。

式（1-32）亦可根据随体导数公式（1-26）的二维形式通过式（1-31）求出：

$$
\begin{aligned}
a_x &= \frac{\mathrm{D}u(x, y, t)}{\mathrm{D}t} = (\boldsymbol{v} \cdot \nabla) u + \frac{\partial u}{\partial t} = \frac{\partial u}{\partial x}u + \frac{\partial u}{\partial y}v + \frac{\partial u}{\partial t} \\
&= -1 \times (-x) + 0 \times y + 0 = x \\
a_y &= \frac{\mathrm{D}v(x, y, t)}{\mathrm{D}t} = (\boldsymbol{v} \cdot \nabla) v + \frac{\partial v}{\partial t} = \frac{\partial v}{\partial x}u + \frac{\partial v}{\partial y}v + \frac{\partial v}{\partial t} \\
&= 0 \times (-x) + 1 \times y + 0 = y
\end{aligned}
$$

【例 1-5】 已知速度 $\boldsymbol{v}$ 的欧拉描述为

$$u=-x,\ v=y$$

$t=0$ 时，$(x, y)=(a, b)$，求速度和加速度的拉格朗日描述。

解：

因

$$u=\frac{\mathrm{d}x}{\mathrm{d}t}=-x$$

$$v=\frac{\mathrm{d}y}{\mathrm{d}t}=y$$

解这两个独立的一阶常微分方程，可分别得

$$x=c_1\mathrm{e}^{-t},\ y=c_2\mathrm{e}^{t}$$

根据初始条件：$t=0$ 时，$(x, y)=(a, b)$，得

$$c_1=a,\ c_2=b$$

因此

$$x=a\mathrm{e}^{-t},\ y=b\mathrm{e}^{t}$$

代回已知条件，得

$$u=-a\mathrm{e}^{-t},\ v=b\mathrm{e}^{t}$$

进一步求偏导，得

$$a_x=\frac{\partial u}{\partial t}=a\mathrm{e}^{-t},\ a_y=\frac{\partial v}{\partial t}=b\mathrm{e}^{t}$$

1.7　迹线、流线与脉线

在对流体流动现象进行描述时，可采用迹线和流线等直观的几何图像来表示，最常见的就是迹线和流线，此外还有脉线等。

1.7.1　迹线

迹线就是指流体质点运动的轨迹线，即该流体质点在不同时刻运动位置的连线。可见，迹线是直接与拉格朗日描述相联系的，式（1-2）就是迹线的参数式方程，即

$$\begin{cases} x=x(a, b, c, t) \\ y=y(a, b, c, t) \\ z=z(a, b, c, t) \end{cases}$$

在流体力学研究中，经常采用欧拉方法进行描述。例如，给出速度 $\boldsymbol{v}=\boldsymbol{v}(x, y, z, t)$，据此得出迹线方程相对要复杂一些，不过也就是一个从欧拉描述转换为拉格朗日描述的过程。由速度的欧拉描述可得迹线的微分方程为

$$\mathrm{d}\boldsymbol{r}=\boldsymbol{v}\,\mathrm{d}t \tag{1-33}$$

在直角坐标系下，写成分量的形式为

$$\begin{cases}\dfrac{\mathrm{d}x}{\mathrm{d}t}=u(x, y, z, t)\\[2mm]\dfrac{\mathrm{d}y}{\mathrm{d}t}=v(x, y, z, t)\\[2mm]\dfrac{\mathrm{d}z}{\mathrm{d}t}=w(x, y, z, t)\end{cases} \tag{1-34}$$

或整理为

$$\frac{\mathrm{d}x}{u(x, y, z, t)}=\frac{\mathrm{d}y}{v(x, y, z, t)}=\frac{\mathrm{d}z}{w(x, y, z, t)}=\mathrm{d}t \tag{1-35}$$

即寻求迹线的微分方程，通过解式（1-35）即可求得流体迹线的表达式。

1.7.2 流线

流体的**流线**是用以描述流场中各点流动方向的曲线，它是某时刻速度场中的一条矢量线，该线上任一点的切线方向与该时刻该点的速度矢量方向相一致。可见，流线的概念是与欧拉描述相联系的。为表达出流线方程，在某时刻 t_0，在一流线上取一小段微元弧线矢量，记为 $\mathrm{d}\boldsymbol{r}$，由流线的定义可知

$$\mathrm{d}\boldsymbol{r}\times\boldsymbol{v}=0$$

在直角坐标系中即

$$\frac{\mathrm{d}x}{u(x, y, z, t_0)}=\frac{\mathrm{d}y}{v(x, y, z, t_0)}=\frac{\mathrm{d}z}{w(x, y, z, t_0)} \tag{1-36}$$

式（1-36）即流线的微分方程，积分即可得 t_0 时刻的流线方程。

由式（1-35）和式（1-36）可见，除 $\mathrm{d}t$ 外，方程的形式是一样的。但需要注意的是，式（1-36）中的 t_0 为常量，积分常数由流线所经过的空间点而定。另外，流线是指某一时刻的，迹线是针对某一流体质点的；对于定常流动（任一流体质点的压强、速度、密度不随时间改变的流动）以及速度方向不变的非定常流动，流线和迹线是重合的；迹线之间是可能相互交叉的，而流线之间通常

是不能交叉的。

【例 1-6】 一平面流动的速度方程

$$u=-x-t,\ v=y+t$$

求：① $t=2$ 时过点（1，2）的质点的迹线方程；

② 过点（1，2）的流线方程。

解：

① 由迹线微分方程式（1-35），

$$\frac{dx}{dt}=u=-x-t\ ,\ \frac{dy}{dt}=v=y+t$$

由于迹线方程中 t 为变量，因此积分得

$$x=c_1e^{-t}-t+1\ ,\ y=c_2e^{t}-t-1$$

$t=2$ 时过点（1，2），代入上式得

$$c_1=2e^2\ ,\ c_2=5\ e^{-2}$$

最后得此质点的迹线方程为

$$x=2\ e^{2-t}-t+1\ ,\ y=5\ e^{t-2}-t-1$$

② 由流线方程式（1-36），

$$\frac{dx}{u}=\frac{dy}{v}$$

建立下式：

$$\frac{dx}{-x-t}=\frac{dy}{y+t}$$

由于对任一流线，t 为常量，因此上式积分得

$$(x+t)(y+t)=C\ (常数)$$

由于过点（1，2），因此

$$c=(1+t)(2+t)$$

得流线方程为

$$(x+t)(y+t)=(1+t)(2+t)$$

当 $t=2$ 时，流线方程为

$$(x+2)(y+2)=12$$

可见与①问中得到的迹线方程并不一致。

【例 1-7】 一平面流动的速度为

$$\boldsymbol{v}=xt\boldsymbol{i}-(y+2)t\boldsymbol{j}$$

求迹线与流线方程。

解：

由迹线微分方程（1-35），

$$\frac{\mathrm{d}x}{xt}=\frac{\mathrm{d}y}{-(y+2)t}$$

消去 t，积分得迹线与流线方程

$$x(y+2)=C\ (\text{常数})$$

该平面流动为非定常流动，但迹线与流线仍重合。

1.7.3 流面、流管、流束与流量

流面和流管是流线概念的延伸。

某时刻在流场中作一条非流线的曲线，经该曲线上的每一点作流线，这些流线在空间就构成了一个面，我们称之为**流面**［如图 1.9（a）所示］。若所作的非流线的曲线是封闭的，则将所形成的流面连同管内的流体合称为**流管**［如图 1.9（b)所示］。流管的最外层管状流面称为流管侧表面，流管中流体的流动正如在不可渗透的固壁面管道中的流动是一样的。

流管具有与流线类似的性质，即一般来说流管不能相交；对于定常流动，流管一经构成，其位置和形状保持不变；由于流管内流动速度不可能为无穷大，流管的侧表面又不能有流体流出，因此流管截面面积不能趋向于零，即流管不能在流场内部中断，但流管可以在流场中自行封闭成环状，或延伸到无穷远处，或终止于流场中的固壁面、自由液面等边界上。

以图 1.9（b）中的封闭曲线 L 为周界实际上可以作出许多个面，这些面称为流管的截面，形状可以是平面，也可以是曲面，截面上各点的速度大小和方向不一定相同。如果截面上的流速方向处处与该面垂直，这种截面就被称为有效截面或过流断面。

截面面积很小的流管称为**微元流管或流束**［如图 1.9（c）所示］，显然，其极限就是一条流线。对于流束来说，由于截面面积很小，可以认为其截面上的

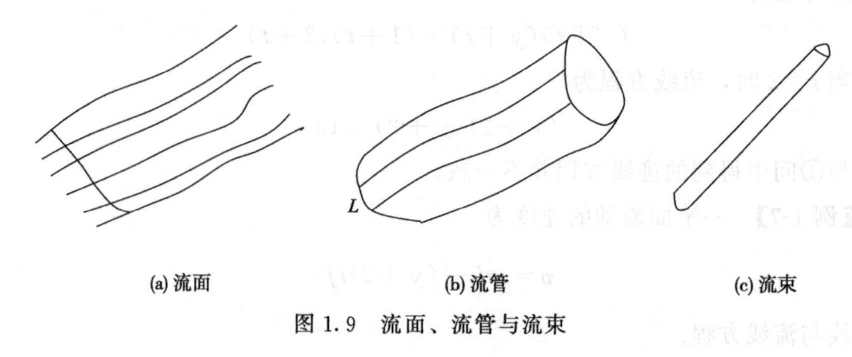

图 1.9　流面、流管与流束

速度处处相同，并将此微小截面看作是平面。

我们将单位时间内通过某一空间曲面的流体体积称为**体积流量**，单位通常为 m^3/s；单位时间内通过某一空间曲面的流体质量则被称为**质量流量**，单位通常为 kg/s。

如图 1.10 所示，在某有限截面 S 上取一微元截面 dS。

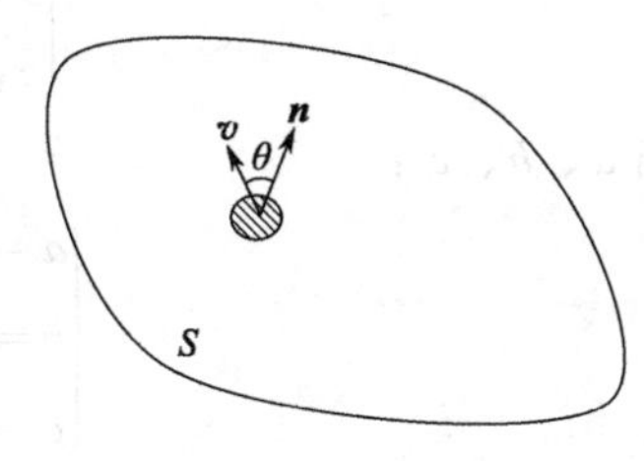

图 1.10　通过 S 面的流量

由于为微元截面，因此视 dS 为平面，其上的速度 $\boldsymbol{v}$ 和密度 ρ 视为相同，dS 的法向单位矢量以 $\boldsymbol{n}$ 表示，速度 $\boldsymbol{v}$ 与法向单位矢量 $\boldsymbol{n}$ 之间的夹角用 θ 表示，则通过 dS 微元截面的体积流量 dQ 为

$$dQ = v\cos\theta dS = \boldsymbol{v} \cdot \boldsymbol{n} dS$$

质量流量 dQ_m 为

$$dQ_m = \rho \boldsymbol{v} \cdot \boldsymbol{n} dS$$

通过整个 S 面的体积流量则为

$$Q = \int_S \boldsymbol{v} \cdot \boldsymbol{n} dS$$

质量流量为

$$Q_m = \int_S \rho \boldsymbol{v} \cdot \boldsymbol{n} dS$$

对于不可压缩流体，密度 ρ 为常量，有

$$Q_m = \rho Q$$

可见，对于**流出**某流体域，速度方向与流体域外法线方向在同一侧（即 $\theta < 90°$），此时流量值为正；对于**流入**某流体域，由于速度方向与流体域外法线方向在不同侧（即 $\theta > 90°$），此时流量值为负。这在今后计算中是需要加以注意的。

1.7.4 脉线

在一段时间内，会有不同的流体质点相继经过某一空间固定点，在某一瞬时（观察瞬时），将这些质点所处的新位置点相连而成的曲线称为**脉线**。显然，脉线与迹线密切相关。如果该空间固定点是一个施放染色的源点，则在某一瞬时观察到的就是一条有色的脉线。因此，脉线也称染色线。燃烧的蜡烛、点燃的香烟或烟囱冒出的烟，都是脉线的典型实例。脉线方程可参照迹线的描述方法来进行求解。

设流体质点（a，b，c）在 t_1时刻经过空间固定点（x_1，y_1，z_1），在 t 时刻到达空间点（x，y，z），采用拉格朗日描述式（1-2），在 t_1时刻有

$$\begin{cases} x_1=x(a, b, c, t_1) \\ y_1=y(a, b, c, t_1) \\ z_1=z(a, b, c, t_1) \end{cases} \tag{1-37}$$

解出 a、b、c：

$$\begin{cases} a=a(x_1, y_1, z_1, t_1) \\ b=b(x_1, y_1, z_1, t_1) \\ c=c(x_1, y_1, z_1, t_1) \end{cases}$$

代入式（1-2），得

$$\begin{cases} x=x[a(x_1, y_1, z_1, t_1), b(x_1, y_1, z_1, t_1), c(x_1, y_1, z_1, t_1), t] \\ \quad =x'(x_1, y_1, z_1, t_1, t) \\ y=y'(x_1, y_1, z_1, t_1, t) \\ z=z'(x_1, y_1, z_1, t_1, t) \end{cases} \tag{1-38}$$

式（1-38）表示的就是在不同的 t_1时刻经过同一空间固定点（x_1，y_1，z_1）的各流体质点在 t 时刻的位置连线，即脉线。

我们可以发现，当流动为定常时，流场中的迹线、流线和脉线三者是重合的。

【例 1-8】 设速度场为

$$\boldsymbol{v}=\frac{2x}{t}\boldsymbol{i}-3y\boldsymbol{j}$$

求 t_1时刻经过空间固定点（x_1，y_1，z_1）的质点在 t 时刻的脉线方程。

解：

首先求解迹线方程，由

$$u=\frac{\mathrm{d}x}{\mathrm{d}t}=\frac{2x}{t}, v=\frac{\mathrm{d}y}{\mathrm{d}t}=-3y$$

以及 t_0 时刻$(x, y, z)=(a, b, c)$，得迹线方程为

$$x=\frac{at^2}{t_0^2}, y=b\mathrm{e}^{3(t_0-t)}, z=c$$

解出 a、b、c：

$$a=\frac{t_0^2}{t^2}x, b=\mathrm{e}^{3(t-t_0)}y, c=z$$

由于 t_1时刻经过空间固定点（x_1，y_1，z_1），因此

$$a=\frac{t_0^2}{t_1^2}x_1, \quad b=e^{3(t_1-t_0)}y_1, \quad c=z_1$$

代入迹线方程，得

$$x=\frac{t^2}{t_1^2}x_1, \quad y=e^{3(t_1-t)}y_1, \quad z=z_1$$

即在不同的t_1时刻经过同一空间固定点（x_1，y_1，z_1）的各流体质点在t时刻的脉线方程。

1.8 流体微观相对运动分析

流体运动比固体运动要复杂得多，但在研究中我们可以选取一个小的流体微元，通过分析流体微元的运动来获得规律性认识，以分析流体的运动。

1.8.1 流体微元运动分析

为分析流体微元的运动，这里首先看流体的一些简单运动。

设流体微元为正方体，边长$\delta x=\delta y=\delta z$。选取正方体的一个表面（记作$ABCD$，如图1.11所示）进行分析，设$A$点速度为$u$、$v$，可得其他各点的速度分别如下。

B点：

$$u_B=u+\frac{\partial u}{\partial x}\delta x$$

$$v_B=v+\frac{\partial v}{\partial x}\delta x$$

D点：

$$u_D=u+\frac{\partial u}{\partial y}\delta y$$

$$v_D=v+\frac{\partial v}{\partial y}\delta y$$

C点：

$$u_C=u+\frac{\partial u}{\partial x}\delta x+\frac{\partial u}{\partial y}\delta y$$

$$v_C=v+\frac{\partial v}{\partial x}\delta x+\frac{\partial v}{\partial y}\delta y$$

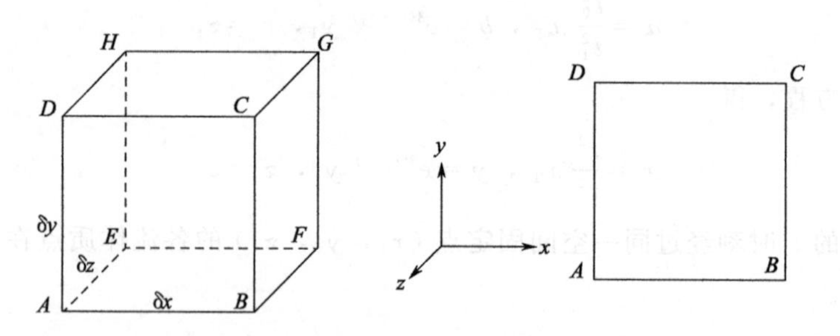

图 1.11 流体微元及其某一表面

在经过 Δt 时间后，正方体流体微元依各点速度而运动，导致微元的变形和旋转等。下面引入几个定义来辅助说明。

(1) 相对伸长率

假设流体微元中，仅存在 x 方向上的变形，除 x 方向以外速度均为 0，即

$$\frac{\partial u(x)}{\partial x}=\frac{\partial u}{\partial x}\neq 0$$

如图 1.12 所示，经过 Δt 时间后，流体微元表面将由 $ABCD$ 运动到 $A'B'C'D'$，线段 AB 产生伸长变化，因此，相对伸长率（用 ε_{xx} 表示）为

$$\frac{A'B'-AB}{AB\Delta t}=\frac{BB'-AA'}{AB\Delta t}=\frac{\left(u+\frac{\partial u}{\partial x}\delta x\right)\Delta t-u\Delta t}{\delta x\Delta t}=\frac{\partial u}{\partial x}$$

$\frac{\partial u}{\partial x}$ 即为线段 AB（x 方向）的**相对伸长率**，数值为负时即缩短。

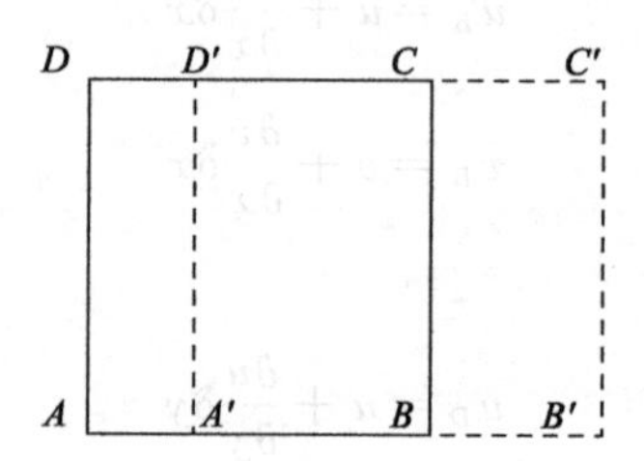

图 1.12 线变形（以 x 方向为例）

针对 y 方向和 z 方向，同理可得对应的相对伸长率分别为

$$\varepsilon_{yy}=\frac{\partial v}{\partial y}$$

$$\varepsilon_{zz}=\frac{\partial w}{\partial z}$$

由于各方向均有可能存在线变形（伸长或缩短），即δx、δy、δz 都有可能发生变化，因此流体微元体积将在 Δt 时间后变为

$$(\delta x+\frac{\partial u}{\partial x}\delta x\Delta t)(\delta y+\frac{\partial v}{\partial y}\delta y\Delta t)(\delta z+\frac{\partial w}{\partial z}\delta z\Delta t)$$

体积相对膨胀率即为

$$\frac{\left(\delta x+\frac{\partial u}{\partial x}\delta x\Delta t\right)\left(\delta y+\frac{\partial v}{\partial y}\delta y\Delta t\right)\left(\delta z+\frac{\partial w}{\partial z}\delta z\Delta t\right)-\delta x\delta y\delta z}{\delta x\delta y\delta z\Delta t}\approx\frac{\partial u}{\partial x}+\frac{\partial v}{\partial y}+\frac{\partial w}{\partial z}$$

$$=\nabla\cdot\boldsymbol{v}=\mathrm{div}\boldsymbol{v}$$

当各方向都没有线变形时，各相对伸长率均为 0，体积相对膨胀率也为 0。

(2) 平均角变形率

假设流体微元中仅存在 XY 平面的角变形（如图 1.13 所示），即

$$\frac{\partial v}{\partial x}+\frac{\partial u}{\partial y}\neq 0$$

其余角变形均为 0，即

$$\frac{\partial w}{\partial y}+\frac{\partial v}{\partial z}=0,\ \frac{\partial u}{\partial z}+\frac{\partial w}{\partial x}=0$$

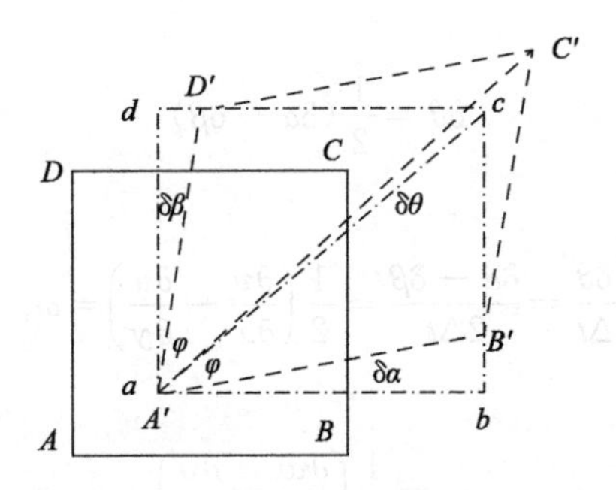

图 1.13　角变形（以 XY 平面为例）

经过 Δt 时间后，流体微元表面将由 $ABCD$ 运动到 $A'B'C'D'$（其中 $abcd$ 是假设 $ABCD$ 只有简单平移时的位置），∠A 由直角∠DAB 变为∠$D'A'B'$，其减小的角度为

$$\delta\alpha+\delta\beta$$

XY 平面内（或说 YX 平面内）的**平均角变形率** ε_{xy}（也可记作 ε_{yx}）则为

$$\frac{\delta\alpha+\delta\beta}{2\Delta t}=\frac{\frac{(v_B-v)\Delta t}{\delta x}+\frac{(u_D-u)\Delta t}{\delta y}}{2\Delta t}=\frac{1}{2}\left(\frac{\partial v}{\partial x}+\frac{\partial u}{\partial y}\right)$$

同理，对于 YZ 平面、ZX 平面的平均角变形率则分别为

$$\varepsilon_{yz}=\varepsilon_{zy}=\frac{1}{2}\left(\frac{\partial w}{\partial y}+\frac{\partial v}{\partial z}\right)$$

和

$$\varepsilon_{zx}=\varepsilon_{xz}=\frac{1}{2}\left(\frac{\partial u}{\partial z}+\frac{\partial w}{\partial x}\right)$$

(3) 转动角速度

假设流体微元中仅存在绕 z 轴（YX 平面内）的旋转（如图 1.13 所示），即

$$\frac{\partial v}{\partial x}-\frac{\partial u}{\partial y}\neq 0$$

绕 x、y 轴的转动角速度均为 0，即

$$\frac{\partial w}{\partial y}-\frac{\partial v}{\partial z}=0,\quad \frac{\partial u}{\partial z}-\frac{\partial w}{\partial x}=0$$

设 φ 为 $A'B'C'D'$ 中角 $\angle D'A'B'$ 的半角，结合图 1.13 所示的角度关系，得 $A'B'C'D'$ 的对角线 $A'C'$ 与 $abcd$ 的对角线 ac 之间的夹角

$$\delta\theta=\varphi+\delta\alpha-45^\circ$$

$$2\varphi=90^\circ-(\delta\alpha+\delta\beta)$$

得

$$\delta\theta=\frac{1}{2}(\delta\alpha-\delta\beta)$$

转动角速度为

$$\frac{\delta\theta}{\Delta t}=\frac{\delta\alpha-\delta\beta}{2\Delta t}=\frac{1}{2}\left(\frac{\partial v}{\partial x}-\frac{\partial u}{\partial y}\right)=\omega_z$$

同理，可得

$$\omega_x=\frac{1}{2}\left(\frac{\partial w}{\partial y}-\frac{\partial v}{\partial z}\right)$$

$$\omega_y=\frac{1}{2}\left(\frac{\partial u}{\partial z}-\frac{\partial w}{\partial x}\right)$$

这三个方向的转动角速度构成了转动角速度矢量

$$\boldsymbol{\Omega}=\omega_x\boldsymbol{i}+\omega_y\boldsymbol{j}+\omega_z\boldsymbol{k} \tag{1-39}$$

由前面 1.6.5 节可知，速度 $\boldsymbol{v}$ 的旋度

$$\mathrm{rot}\,\boldsymbol{v}=\nabla\times\boldsymbol{v}=\begin{vmatrix}\boldsymbol{i} & \boldsymbol{j} & \boldsymbol{k}\\ \dfrac{\partial}{\partial x} & \dfrac{\partial}{\partial y} & \dfrac{\partial}{\partial z}\\ u & v & w\end{vmatrix}=\left(\frac{\partial w}{\partial y}-\frac{\partial v}{\partial z}\right)\boldsymbol{i}+\left(\frac{\partial u}{\partial z}-\frac{\partial w}{\partial x}\right)\boldsymbol{j}+\left(\frac{\partial v}{\partial x}-\frac{\partial u}{\partial y}\right)\boldsymbol{k}$$

因此有

$$\boldsymbol{\Omega}=\frac{1}{2}\mathrm{rot}\,\boldsymbol{v}$$

1.8.2　亥姆霍兹速度分解

在研究固体运动时我们知道，运动可以分解为平动和转动，对于流体，由于具有流动性、可压缩性和黏滞性等特点，因此流体运动还会有变形发生。

如图 1.14 所示，某时刻 t 在流场中有一流体质点 M_0，其可表示为

$$M_0(\boldsymbol{r})=M_0(x,\ y,\ z)$$

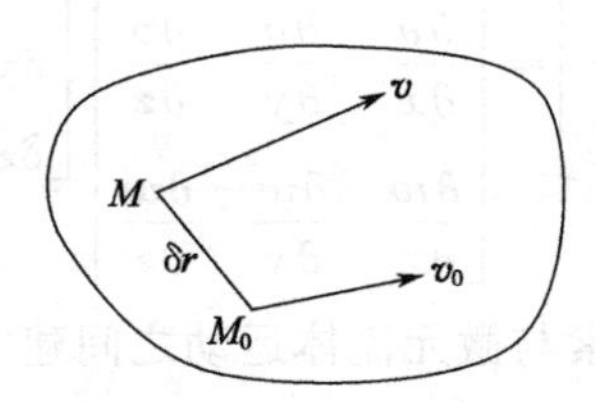

图 1.14　邻域速度分析

其速度表示为

$$\boldsymbol{v}_0=u_0\boldsymbol{i}+v_0\boldsymbol{j}+w_0\boldsymbol{k}$$

在同一时刻，微观上与 M_0 相邻存在某质点 M，则 M 可表示为

$$M(\boldsymbol{r}+\delta\boldsymbol{r})=M(x+\delta x,\ y+\delta y,\ z+\delta z)$$

其速度为

$$\boldsymbol{v}=\boldsymbol{v}(x+\delta x,\ y+\delta y,\ z+\delta z,\ t)$$

设 $\delta\boldsymbol{v}$ 为 M 点相对于 M_0 点的相对运动速度，由于 $|\delta\boldsymbol{r}|$ 非常小，当 $\boldsymbol{v}$ 为连续分布函数且各阶偏导数存在时，$\boldsymbol{v}$ 可以在 M_0 点展开为多元函数的泰勒 (Taylor) 级数，略去二阶以上小量后，有

$$\boldsymbol{v}=\boldsymbol{v}_0+\delta\boldsymbol{v}=\boldsymbol{v}_0+\frac{\partial\boldsymbol{v}}{\partial x}\delta x+\frac{\partial\boldsymbol{v}}{\partial y}\delta y+\frac{\partial\boldsymbol{v}}{\partial z}\delta z \tag{1-40}$$

写成分量形式为

$$\begin{cases}u=u_0+\dfrac{\partial u}{\partial x}\delta x+\dfrac{\partial u}{\partial y}\delta y+\dfrac{\partial u}{\partial z}\delta z\\ v=v_0+\dfrac{\partial v}{\partial x}\delta x+\dfrac{\partial v}{\partial y}\delta y+\dfrac{\partial v}{\partial z}\delta z\\ w=w_0+\dfrac{\partial w}{\partial x}\delta x+\dfrac{\partial w}{\partial y}\delta y+\dfrac{\partial w}{\partial z}\delta z\end{cases} \tag{1-41}$$

即

$$
\begin{cases}
\delta u=\dfrac{\partial u}{\partial x}\delta x+\dfrac{\partial u}{\partial y}\delta y+\dfrac{\partial u}{\partial z}\delta z\\
\delta v=\dfrac{\partial v}{\partial x}\delta x+\dfrac{\partial v}{\partial y}\delta y+\dfrac{\partial v}{\partial z}\delta z\\
\delta w=\dfrac{\partial w}{\partial x}\delta x+\dfrac{\partial w}{\partial y}\delta y+\dfrac{\partial w}{\partial z}\delta z
\end{cases}
\tag{1-42}
$$

写成矩阵形式为

$$
\begin{bmatrix}\delta u\\ \delta v\\ \delta w\end{bmatrix}=
\begin{bmatrix}
\dfrac{\partial u}{\partial x} & \dfrac{\partial u}{\partial y} & \dfrac{\partial u}{\partial z}\\
\dfrac{\partial v}{\partial x} & \dfrac{\partial v}{\partial y} & \dfrac{\partial v}{\partial z}\\
\dfrac{\partial w}{\partial x} & \dfrac{\partial w}{\partial y} & \dfrac{\partial w}{\partial z}
\end{bmatrix}
\begin{bmatrix}\delta x\\ \delta y\\ \delta z\end{bmatrix}
\tag{1-43}
$$

为将式（1-43）中方阵各元素与微元流体运动之间建立联系，我们对方阵中各元素进行变换如下

$$
\begin{aligned}
\begin{bmatrix}
\dfrac{\partial u}{\partial x} & \dfrac{\partial u}{\partial y} & \dfrac{\partial u}{\partial z}\\
\dfrac{\partial v}{\partial x} & \dfrac{\partial v}{\partial y} & \dfrac{\partial v}{\partial z}\\
\dfrac{\partial w}{\partial x} & \dfrac{\partial w}{\partial y} & \dfrac{\partial w}{\partial z}
\end{bmatrix}
&=
\begin{bmatrix}
\dfrac{\partial u}{\partial x} & \dfrac{1}{2}\left(\dfrac{\partial u}{\partial y}+\dfrac{\partial v}{\partial x}\right) & \dfrac{1}{2}\left(\dfrac{\partial u}{\partial z}+\dfrac{\partial w}{\partial x}\right)\\
\dfrac{1}{2}\left(\dfrac{\partial v}{\partial x}+\dfrac{\partial u}{\partial y}\right) & \dfrac{\partial v}{\partial y} & \dfrac{1}{2}\left(\dfrac{\partial v}{\partial z}+\dfrac{\partial w}{\partial y}\right)\\
\dfrac{1}{2}\left(\dfrac{\partial w}{\partial x}+\dfrac{\partial u}{\partial z}\right) & \dfrac{1}{2}\left(\dfrac{\partial w}{\partial y}+\dfrac{\partial v}{\partial z}\right) & \dfrac{\partial w}{\partial z}
\end{bmatrix}+\\
&\quad\begin{bmatrix}
0 & \dfrac{1}{2}\left(\dfrac{\partial u}{\partial y}-\dfrac{\partial v}{\partial x}\right) & \dfrac{1}{2}\left(\dfrac{\partial u}{\partial z}-\dfrac{\partial w}{\partial x}\right)\\
\dfrac{1}{2}\left(\dfrac{\partial v}{\partial x}-\dfrac{\partial u}{\partial y}\right) & 0 & \dfrac{1}{2}\left(\dfrac{\partial v}{\partial z}-\dfrac{\partial w}{\partial y}\right)\\
\dfrac{1}{2}\left(\dfrac{\partial w}{\partial x}-\dfrac{\partial u}{\partial z}\right) & \dfrac{1}{2}\left(\dfrac{\partial w}{\partial y}-\dfrac{\partial v}{\partial z}\right) & 0
\end{bmatrix}\\
&=\begin{bmatrix}
\varepsilon_{xx} & \varepsilon_{xy} & \varepsilon_{xz}\\
\varepsilon_{yx} & \varepsilon_{yy} & \varepsilon_{yz}\\
\varepsilon_{zx} & \varepsilon_{zy} & \varepsilon_{zz}
\end{bmatrix}+
\begin{bmatrix}
0 & -\omega_z & \omega_y\\
\omega_z & 0 & -\omega_x\\
-\omega_y & \omega_x & 0
\end{bmatrix}=\boldsymbol{E}+\boldsymbol{A}
\end{aligned}
\tag{1-44}
$$

式中，$\boldsymbol{E}$ 为变形速率张量，或称应变率张量，是对称的二阶张量；$\boldsymbol{A}$ 为旋转张量，是反对称张量。

由此，式（1-43）变换为

$$\begin{bmatrix}\delta u\\ \delta v\\ \delta w\end{bmatrix}=(\boldsymbol{E}+\boldsymbol{A})\begin{bmatrix}\delta x\\ \delta y\\ \delta z\end{bmatrix} \tag{1-45}$$

写成分量形式

$$\begin{cases}\delta u=\varepsilon_{xx}\delta x+\varepsilon_{xy}\delta y+\varepsilon_{xz}\delta z+\omega_y\delta z-\omega_z\delta y\\ \delta v=\varepsilon_{yx}\delta x+\varepsilon_{yy}\delta y+\varepsilon_{yz}\delta z+\omega_z\delta x-\omega_x\delta z\\ \delta w=\varepsilon_{zx}\delta x+\varepsilon_{zy}\delta y+\varepsilon_{zz}\delta z+\omega_x\delta y-\omega_y\delta x\end{cases} \tag{1-46}$$

即

$$\delta\boldsymbol{v}=\boldsymbol{E}\cdot\delta\boldsymbol{r}+\boldsymbol{\Omega}\times\delta\boldsymbol{r} \tag{1-47}$$

$$\boldsymbol{v}=\boldsymbol{v}_0+\delta\boldsymbol{v}=\boldsymbol{v}_0+\boldsymbol{E}\cdot\delta\boldsymbol{r}+\boldsymbol{\Omega}\times\delta\boldsymbol{r} \tag{1-48}$$

这就是流体力学中的**亥姆霍兹**（Helmholtz）**速度分解定理**，即 M 点的速度 $\boldsymbol{v}$ 包括以下三部分：

① 与 M_0 点相同的平动速度 $\boldsymbol{v}_0$；

② 绕 M_0 点转动在 M 点产生的速度 $\boldsymbol{\Omega}\times\delta\boldsymbol{r}$；

③ 由于流体变形在 M 点产生的速度 $\boldsymbol{E}\cdot\delta\boldsymbol{r}$。

式（1-48）还可进一步变换为

$$\boldsymbol{v}=\boldsymbol{v}_0+\boldsymbol{E}\cdot\delta\boldsymbol{r}+\frac{1}{2}(\nabla\times\boldsymbol{v})\delta\boldsymbol{r} \tag{1-49}$$

由亥姆霍兹速度分解定理可知，在流体微元内，流体除了具有与刚体一样的平动和转动以外，还多了一个变形。我们由此也可以发现，流体运动比刚体运动要复杂得多。

【例 1-9】 设 $u=ky$，$v=-kx$，$w=0$，求流体微元的运动状态。

解：

根据已知，解出其应变率张量 $\boldsymbol{E}$ 和旋转张量 $\boldsymbol{A}$：

$$\boldsymbol{E}=\begin{bmatrix}0&0&0\\0&0&0\\0&0&0\end{bmatrix},\boldsymbol{A}=\begin{bmatrix}0&k&0\\-k&0&0\\0&0&0\end{bmatrix}$$

可见，该流体微元运动无变形，但存在旋转，是绕 z 轴的旋转（即 XY 平面内的旋转），是一种刚体运动。

【例 1-10】 设 $u=-kx$，$v=0$，$w=0$，求流体微元的运动状态。

解：

根据已知，解出其应变率张量 $\boldsymbol{E}$ 和旋转张量 $\boldsymbol{A}$：

$$E=\begin{bmatrix}-k & 0 & 0\\ 0 & 0 & 0\\ 0 & 0 & 0\end{bmatrix},A=\begin{bmatrix}0 & 0 & 0\\ 0 & 0 & 0\\ 0 & 0 & 0\end{bmatrix}$$

可见，流体微元运动存在 x 方向上的线变形，无角变形，无旋转。

习题

1.1 一活塞以速度 $v=0.15\text{m/s}$ 在缸体间运动，活塞长度 $L=12\text{cm}$，活塞直径 $d=10\text{cm}$，其与缸体间隙 $\delta=0.02\text{mm}$，间隙中充满油，活塞运动受到的摩擦力 $F=9.62\text{N}$，求油的黏度系数 μ。

1.2 一直径 $d=4\text{cm}$ 的轴在轴承中空载运转，其转速 $n=3000\text{r/min}$，轴与轴套同心且间隙 $\delta=0.004\text{cm}$，轴套长 $l=6.5\text{cm}$，测得其摩擦力矩 $M=1.265\text{N}\cdot\text{m}$，求轴与轴套间润滑油的黏度系数 μ。

1.3 一平面流体流动的速度为 $u=x-t$，$v=y+t$，求速度和加速度的拉格朗日描述。

1.4 已知速度的拉格朗日描述为 $u=(a-1)e^t+1$，$v=(b+1)e^t$，求：

① 流体质点 $(a,b)=(2,1)$ 的运动规律；

② 速度的欧拉描述；

③ 加速度的拉格朗日描述和欧拉描述。

1.5 已知速度的欧拉描述为

$$u=\frac{x}{2+t},\ v=\frac{y}{2+t},\ w=\frac{2z}{2+t}$$

求：

① 加速度的欧拉描述和拉格朗日描述；

② 流线及迹线方程。

1.6 已知 $u=2x^2+3y-xy$，$v=2y+y^3-z$，求：

① 点 (1，2，3) 的加速度；

② 是否为定常流动?

1.7 已知 $\boldsymbol{v}=x^3y\boldsymbol{i}+2y\boldsymbol{j}-3z^3\boldsymbol{k}$，求点 (3，2，1) 的加速度。

1.8 速度场为 $\boldsymbol{v}=x^3t\boldsymbol{i}+2yt^2\boldsymbol{j}-yz\boldsymbol{k}$，求：$t=2$ 时，流体质点 (1，2，5) 的速度和加速度。

1.9 一平面流动的速度方程为 $u=x+t$，$v=-y+t$，求：

① $t=1$ 时过点 (2，2) 的质点的迹线方程；

② 过点（2，2）的流线方程。

1.10　设速度场为 $\boldsymbol{v}=-\dfrac{x}{2t}\boldsymbol{i}+2y\boldsymbol{j}-3z\boldsymbol{k}$，求：$t_1$ 时刻经过空间固定点 (x_1, y_1, z_1) 的质点在 t 时刻的脉线方程。

1.11　设 $\boldsymbol{v}=3x\boldsymbol{i}-2y\boldsymbol{j}-z\boldsymbol{k}$，问：

① 流体微元有无变形和旋转？

② 散度 $\mathrm{div}\boldsymbol{v}$ 和旋度 $\mathrm{rot}\boldsymbol{v}$ 值分别是多少？体积有无膨胀？

1.12　设 $u=-2y$，$v=2x-3z$，$w=3y$，问：流体是否在做刚体运动？

1.13　设 $u=3y+5z$，$v=3x$，$w=5x$，问：流体运动状态如何？

第2章

流体的平衡

- 流体上的作用力
- 流体平衡时的压强
- 均质流体平衡方程
- 物体表面所受静止流体压强合力

研究任何一个物理体系，体系内的力学关系是关键。本章首先学习流体上的作用力，在此基础上，学习掌握流体在惯性系和非惯性系下的平衡。

2.1 流体上的作用力

流体上的作用力主要分为两大类：体积力和表面力。

2.1.1 体积力与表面力

(1) 体积力

在流场中，与流体体积成正比的力，称为**体积力或质量力**，如重力、惯性力、电磁力等，体积力作用于每一个流体质点上，是一种非接触的外力，分布于体积上，且这种分布通常是非均匀的，是空间点与时间的函数。

t 时刻，在流场中任取一流体团，其有限体积为 τ，表面积为 S，如图 2.1 所示。

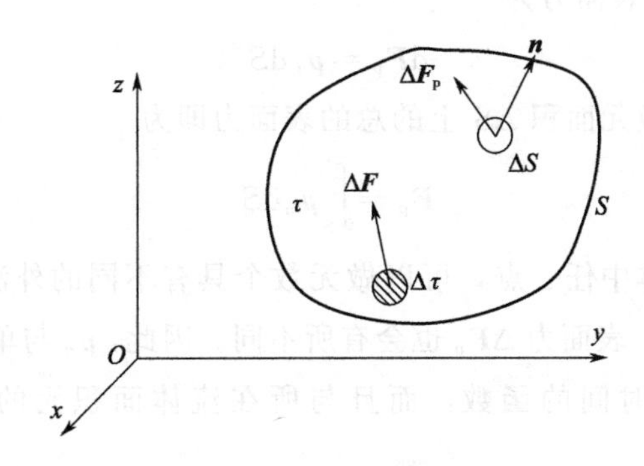

图 2.1　流体上的作用力

设其中一质点 M（x，y，z）上的流体密度为 ρ，包含该质点的微元体积 $\Delta\tau$ 内的流体质量即为 $\Delta m=\rho\Delta\tau$。如果作用于该微元体积上的体积力为 $\boldsymbol{\Delta F}$，则作用在单位质量上的体积力（称为体积力分布密度，或单位质量力）为

$$\boldsymbol{f}(M,\ t)=\lim_{\Delta m\to 0}\frac{\boldsymbol{\Delta F}}{\Delta m}=\lim_{\Delta\tau\to 0}\frac{\boldsymbol{\Delta F}}{\rho\,\Delta\tau}$$

可见，$\boldsymbol{f}(M,\ t)$ 也是空间点与时间的函数，并具有与加速度相同的单位，即 $\mathrm{m/s^2}$。

作用于 $d\tau$ 上的体积力为

$$d\boldsymbol{F}=\boldsymbol{f}\rho d\tau$$

则作用于上述流体团 τ 上的总的体积力即为

$$\boldsymbol{F}=\int_{\tau}\boldsymbol{f}\rho d\tau$$

(2) 表面力

在流场中，与接触面积成正比的力，称为**表面力**。如摩擦力（黏性剪切力）、压力等，表面力与流体质量无关，是一种接触力，具有内力的性质，但对于流体与固体交界面上的表面力则是一种外力。表面力分布于相应的表面上，且这种分布通常是非均匀的，必然也是空间点与时间的函数。

如图 2.1 所示，在流体团的表面上任取一微小面积元 ΔS，设其外法向单位矢量为 $\boldsymbol{n}$，作用于 ΔS 上的表面力为 $\Delta\boldsymbol{F}_{p}$，当面积元 ΔS 缩小为一点时，以 $\boldsymbol{n}$ 为单位法向量的面积元 ΔS 上的表面力（应力）为

$$\boldsymbol{p}_{n}=\lim_{\Delta S\to 0}\frac{\Delta\boldsymbol{F}_{p}}{\Delta S}$$

单位为 N/m^2，即 Pa。

作用于 dS 上的表面力为

$$d\boldsymbol{F}_{p}=\boldsymbol{p}_{n}dS$$

则作用于上述流体微元面积 ΔS 上的总的表面力即为

$$\boldsymbol{F}_{p}=\int_{S}\boldsymbol{p}_{n}dS$$

显然，经过流体中任一点，可以做无数个具有不同的外法向单位矢量 $\boldsymbol{n}$ 的表面，当 $\boldsymbol{n}$ 不同时，表面力 $\Delta\boldsymbol{F}_{p}$ 也会有所不同。因此，$\boldsymbol{p}_{n}$ 与单位质量力 $\boldsymbol{f}$ 不同，它不仅是空间点与时间的函数，而且与所在流体面积元的单位法向量 $\boldsymbol{n}$ 有关，即

$$\boldsymbol{p}_{n}=\boldsymbol{p}_{n}(M,\ t,\ \boldsymbol{n})$$

一般来说，$\boldsymbol{p}_{n}$ 的方向并不与单位法向量 $\boldsymbol{n}$ 相一致，因此 $\boldsymbol{p}_{n}$ 具有两个分量：与 $\boldsymbol{n}$ 一致的分量（法向分量）为 p_{nn}，以及面积元上的切向分量 $p_{n\tau}$。当 $p_{n\tau}=0$ 时，$\boldsymbol{p}_{n}$ 的方向与 $\boldsymbol{n}$ 才是一致的。

根据作用力与反作用力的原理，有

$$\boldsymbol{p}_{n}\Delta S=-\boldsymbol{p}_{-n}\Delta S$$

因此得

$$\boldsymbol{p}_{-n}=-\boldsymbol{p}_{n}$$

2.1.2 应力与应力张量

如图 2.2 所示，在流体中有一质点 M，以 M 为顶点，作一个微元四面体。以这一微元四面体为研究对象，当微元四面体另外三个顶点按比例趋向于 M 点时，可得出流体质点 M 所受的应力。

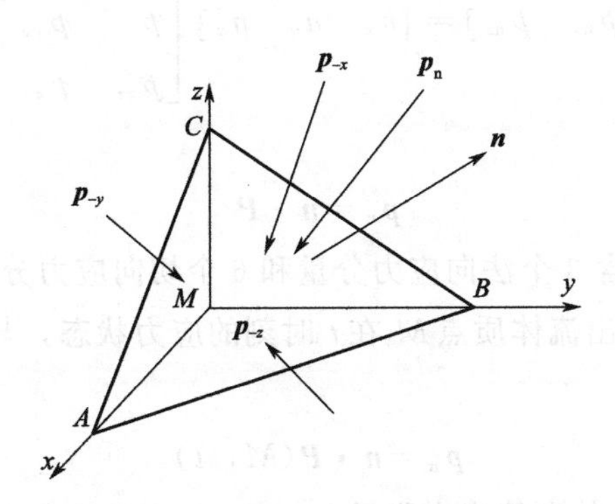

图 2.2 微元四面体上的作用力

设微元四面体中，MA、MB、MC 分别为 δx、δy、δz，斜面 ABC（面积为 ΔS）的单位法向量为

$$\boldsymbol{n}=\cos(\boldsymbol{n},\ x)i+\cos(\boldsymbol{n},\ y)j+\cos(\boldsymbol{n},\ z)k$$

或简写为

$$\boldsymbol{n}=n_x\boldsymbol{i}+n_y\boldsymbol{j}+n_z\boldsymbol{k}$$

与三坐标轴相垂直的三个面的面积分别为 $n_x\Delta S$、$n_y\Delta S$、$n_z\Delta S$。

我们来分析微元四面体的受力情况。作用于微元四面体的力包括体积力、表面力。当微元四面体缩小为一点时，微元四面体边长为一阶小量，面积和表面力为二阶小量，体积、体积力则为三阶小量。忽略三阶小量，则表面力的合力为零，有

$$\boldsymbol{p}_{-x}n_x\Delta S+\boldsymbol{p}_{-y}n_y\Delta S+\boldsymbol{p}_{-z}n_z\Delta S+\boldsymbol{p}_{\mathrm{n}}\Delta S=0$$

化简得

$$\boldsymbol{p}_{-x}n_x+\boldsymbol{p}_{-y}n_y+\boldsymbol{p}_{-z}n_z+\boldsymbol{p}_{\mathrm{n}}=0 \tag{2-1}$$

根据

$$\boldsymbol{p}_{-\mathrm{n}}=-\boldsymbol{p}_{\mathrm{n}}$$

式 (2-1) 变换为

$$\boldsymbol{p}_{\mathrm{n}}=\boldsymbol{p}_xn_x+\boldsymbol{p}_yn_y+\boldsymbol{p}_zn_z \tag{2-2}$$

写成分量形式

$$\begin{cases} p_{nx} = p_{xx}n_x + p_{yx}n_y + p_{zx}n_z \\ p_{ny} = p_{xy}n_x + p_{yy}n_y + p_{zy}n_z \\ p_{nz} = p_{xz}n_x + p_{yz}n_y + p_{zz}n_z \end{cases} \tag{2-3}$$

用矩阵表示为

$$[p_{nx} \quad p_{ny} \quad p_{nz}] = [n_x \quad n_y \quad n_z] \begin{bmatrix} p_{xx} & p_{xy} & p_{xz} \\ p_{yx} & p_{yy} & p_{yz} \\ p_{zx} & p_{zy} & p_{zz} \end{bmatrix} \tag{2-4}$$

即

$$\boldsymbol{p}_n = \boldsymbol{n} \cdot \boldsymbol{P} \tag{2-5}$$

$\boldsymbol{P}$ 称为**应力张量**，包含 3 个法向应力分量和 6 个切向应力分量。

应力张量 $\boldsymbol{P}$ 反映出流体质点 M 在 t 时刻的应力状态，与面积元的选取无关。因此有

$$\boldsymbol{p}_n = \boldsymbol{n} \cdot \boldsymbol{P}(M, t) \tag{2-6}$$

【例 2-1】 流场中某点的应力张量

$$\boldsymbol{P} = \begin{bmatrix} 5 & 0 & 2 \\ 0 & 3 & -1 \\ 2 & -1 & 1 \end{bmatrix}$$

该点所在平面的单位法向量

$$\boldsymbol{n} = \left[\frac{1}{3}, -\frac{2}{3}, \frac{2}{3}\right]$$

求：①该平面的应力矢量 $\boldsymbol{p}_n$；

②法向应力分量 p_{nn} 与切向应力分量 $p_{n\tau}$ 的大小；

③ $\boldsymbol{p}_n$ 与 $\boldsymbol{n}$ 之间的夹角 φ。

解：

① 根据已知，$\boldsymbol{p}_n = \boldsymbol{n} \cdot \boldsymbol{P} = \left[\frac{1}{3}, -\frac{2}{3}, \frac{2}{3}\right] \begin{bmatrix} 5 & 0 & 2 \\ 0 & 3 & -1 \\ 2 & -1 & 1 \end{bmatrix} = \left(3, -\frac{8}{3}, 2\right)$；

② $p_{nn} = \boldsymbol{p}_n \cdot \boldsymbol{n} = \frac{37}{9}$，$p_{n\tau} = \sqrt{|\boldsymbol{p}_n|^2 - p_{nn}^2} = \frac{2\sqrt{65}}{9}$；

③ $\varphi = \arccos \frac{\boldsymbol{p}_n \cdot \boldsymbol{n}}{|\boldsymbol{p}_n|} = \arccos \frac{37}{3\sqrt{181}} = 23.55°$。

2.2 流体平衡时的压强

由于静止流体是不承受剪切应力的（否则就不会处于静止状态），因此对于静止流体，切向应力为 0，由式（2-3）可知

$$\begin{cases} p_{nx}=p_{xx}n_x \\ p_{ny}=p_{yy}n_y \\ p_{nz}=p_{zz}n_z \end{cases} \tag{2-7}$$

由于只有法向应力，因此

$$\boldsymbol{p}_n=p_{nn}\boldsymbol{n} \tag{2-8}$$

写成分量形式

$$\begin{cases} p_{nx}=p_{nn}n_x \\ p_{ny}=p_{nn}n_y \\ p_{nz}=p_{nn}n_z \end{cases} \tag{2-9}$$

与式（2-7）结合，可得

$$p_{nn}=p_{xx}=p_{yy}=p_{zz}$$

设 $p_{nn}=-p$（负号表示承受压应力），此时应力张量可写为

$$\boldsymbol{P}=-p\begin{bmatrix}1 & 0 & 0\\ 0 & 1 & 0\\ 0 & 0 & 1\end{bmatrix}=-p\boldsymbol{I} \tag{2-10}$$

式中，$\boldsymbol{I}$ 为三阶单位矩阵，也即二阶单位张量。

对于静止流体，应力可以写为

$$\boldsymbol{p}_n=-p\boldsymbol{n} \tag{2-11}$$

表明静止流体中不存在切向应力，而其法向应力方向始终指向微元面积内侧，即 $-\boldsymbol{n}$ 方向，这样一来，其中的 p 标量只是位置和时间的函数，表示静止流体中作用于该点任意方向微元面积上的压应力的大小，称作流体**静力学压强**，简称**压强**，在国际单位制中其单位为帕斯卡（Pascal），简记为帕（Pa），$1\text{Pa}=1\text{N/m}^2$。

这里所说的流体静止都是相对于某一坐标系而言的，可以是惯性坐标系，也可以是非惯性坐标系。只要流体相对于坐标系静止，就只有法向应力，而不存在切向应力，即都符合式（2-11）。

2.3 均质流体平衡方程

2.3.1 平衡方程的建立

在直角坐标系，对于静止流体，取一个微元六面体 $dx\,dy\,dz$。假设中心点 M 的压强为 p（如图 2.3 所示），则左侧面压强和右侧面压强分别为

$$p-\frac{\partial p}{\partial x}\times\frac{dx}{2} \quad 和 \quad p+\frac{\partial p}{\partial x}\times\frac{dx}{2}$$

由于左侧面所受压力方向向右为正，右侧面相反为负，则左右两侧面所受的压强合力为

$$\left(p-\frac{\partial p}{\partial x}\times\frac{dx}{2}\right)dy\,dz-\left(p+\frac{\partial p}{\partial x}\times\frac{dx}{2}\right)dy\,dz=-\frac{\partial p}{\partial x}dx\,dy\,dz$$

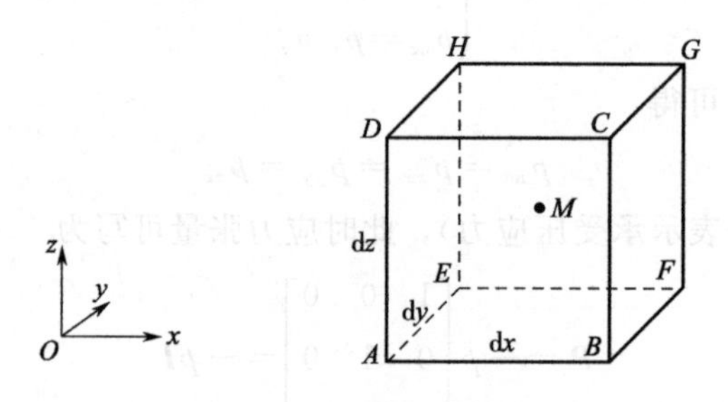

图 2.3 静止微元六面体

结合 y、z 两方向分析，可得微元六面体 $dx\,dy\,dz$ 所受的压强合力为

$$-\left(\frac{\partial p}{\partial x}\boldsymbol{i}+\frac{\partial p}{\partial y}\boldsymbol{j}+\frac{\partial p}{\partial z}\boldsymbol{k}\right)dx\,dy\,dz=-\nabla p\,dx\,dy\,dz \tag{2-12}$$

式中，∇p 为压强梯度，是一个矢量，即

$$\nabla p=\frac{\partial p}{\partial x}\boldsymbol{i}+\frac{\partial p}{\partial y}\boldsymbol{j}+\frac{\partial p}{\partial z}\boldsymbol{k} \tag{2-13}$$

通过 2.1 节的学习我们知道，单位质量流体上受到的体积力为 $\boldsymbol{f}$，则流体平衡时表面力与体积力的合力为零，有

$$\boldsymbol{f}\rho\,dx\,dy\,dz-\nabla p\,dx\,dy\,dz=0 \tag{2-14}$$

$dx\,dy\,dz$ 为任意取的，因此有

$$\rho\boldsymbol{f}=\nabla p \tag{2-15}$$

式（2-15）即为均质流体平衡基本方程。

2.3.2　静止流体的分界面

对于不互溶的两种密度不同的流体介质，混合并达到平衡后将形成一个分界面，设所受体积力 $\boldsymbol{F}$ 与压强 p 连续，分界面两侧流体的密度分别为 ρ_1 和 ρ_2，在分界面上任取一微元线段 $\mathrm{d}\boldsymbol{l}$，因

$$\mathrm{d}p=\frac{\partial p}{\partial x}\mathrm{d}x+\frac{\partial p}{\partial y}\mathrm{d}y+\frac{\partial p}{\partial z}\mathrm{d}z$$

则针对两侧流体可分别得

$$\begin{cases}\mathrm{d}p=\mathrm{d}\boldsymbol{l}\cdot\nabla p=\mathrm{d}\boldsymbol{l}\cdot(\rho_1\boldsymbol{f})\\ \mathrm{d}p=\mathrm{d}\boldsymbol{l}\cdot\nabla p=\mathrm{d}\boldsymbol{l}\cdot(\rho_2\boldsymbol{f})\end{cases}\tag{2-16}$$

变换得

$$\mathrm{d}p\left(\frac{1}{\rho_1}-\frac{1}{\rho_2}\right)=0$$

由于两种流体介质密度不等，得 $\mathrm{d}p=0$。因分界面上的微元线段 $\mathrm{d}\boldsymbol{l}$ 为任取，因此两种密度不同的流体介质混合平衡后的分界面为等压面。

将 $\mathrm{d}p=0$ 代入式（2-16）可得

$$\mathrm{d}\boldsymbol{l}\cdot\boldsymbol{f}=0$$

因此体积力垂直于分界面。

2.3.3　均质流体的静平衡

将式（2-15）写成分量形式

$$\begin{cases}\rho f_x=\dfrac{\partial p}{\partial x}\\ \rho f_y=\dfrac{\partial p}{\partial y}\\ \rho f_z=\dfrac{\partial p}{\partial z}\end{cases}\tag{2-17}$$

如果仅在重力场作用下，设 z 轴方向向上，显然有

$$\begin{cases}f_x=0\\ f_y=0\\ f_z=-g\end{cases}\tag{2-18}$$

$$-\rho g=\frac{\partial p}{\partial z}\tag{2-19}$$

由于只随 z 方向变化，式（2-19）可以写成

$$-\rho g=\frac{\mathrm{d}p}{\mathrm{d}z} \tag{2-20}$$

此时如存在分界面，则分界面必然为水平面，设分界面处坐标为 z_0，压强为 p_0，任一坐标 z 处的压强为 p，对式（2-20）变换做定积分有

$$\int_{z_0}^{z}-\rho g\,\mathrm{d}z=\int_{p_0}^{p}\mathrm{d}p \tag{2-21}$$

得

$$-\rho g\,(z-z_0)=p-p_0$$

即

$$p=p_0+\rho g h \tag{2-22}$$

式中，h 为分界面之上的流体深度，$h=z_0-z$。

式（2-22）可变换为

$$p=\rho g h_e \tag{2-23}$$

式中，h_e 为**等效深度**，$h_e=h+\frac{p_0}{\rho g}$，如图 2.4 所示。

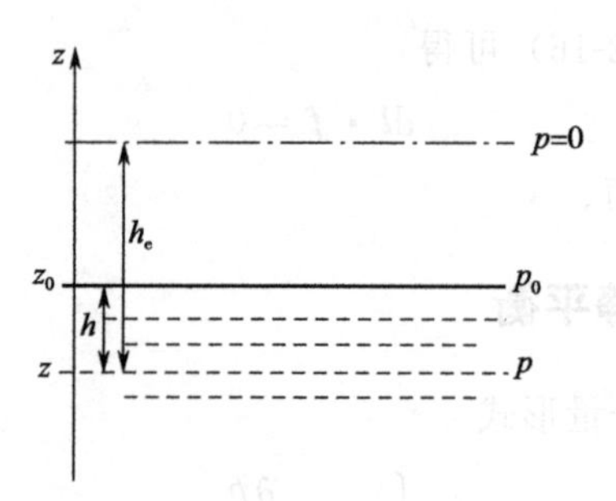

图 2.4　分界面与等效分界面

等效深度的定义相当于把实际分界面虚拟抬高 $\frac{p_0}{\rho g}$ 而形成一个压强为零的等效分界面。

在实际应用中，通常所测压强高于大气压，我们将大气压记作 p_a，**表压**（也称相对压强）记作 p_g，绝对压强记作 p，则有以下关系存在：

$$p_g=p-p_a$$

如果绝对压强低于大气压，则相对压强为负值，此时通常用**真空度** p_v 来表示：

$$p_v=p_a-p$$

2.3.4 均质流体的相对平衡

前面提到的均质流体静力学压强分布变化规律适用于只在重力作用下处于静止状态的流体，对于处于匀速直线运动的容器中的流体也同样适用。如果除重力以外还有其他体积力，则也需考虑。

无论是静止还是匀速直线运动，都属于惯性系下的状态。对于非惯性系下的流体平衡则是一种相对平衡状态，即流体相对于容器静止，而容器处于非惯性系下，如容器做匀加速直线运动，或做匀速旋转运动，下面分别加以分析。

(1) 匀加速直线运动状态下均质流体的相对平衡

假设流体随一容器做匀加速直线运动，建立直角坐标系如下：z 轴垂直向上，选定 x 轴，使得容器运动加速度位于 ZX 平面内（如图 2.5 所示）。

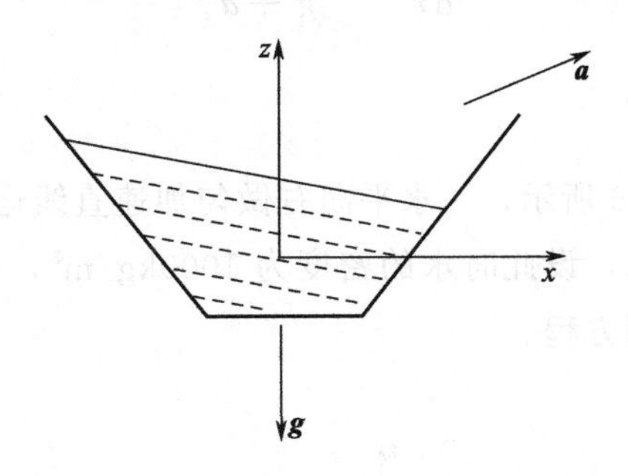

图 2.5　匀加速直线运动状态下的流体

容器中流体所受到的体积力除了重力 $m\boldsymbol{g}$ 以外，还有一个惯性力 $-m\boldsymbol{a}$ ，因此单位质量力

$$\boldsymbol{f}=\boldsymbol{g}-\boldsymbol{a}$$

流体平衡方程为

$$\nabla p=\rho(\boldsymbol{g}-\boldsymbol{a}) \tag{2-24}$$

由 2.3.2 节可知，自由面（气液分界面）为等压面，且与单位质量力方向垂直。$\boldsymbol{g}$ 和 $\boldsymbol{a}$ 均为常数，因此等压面为斜面。一般地，等压面方程为

$$\frac{\mathrm{d}z}{\mathrm{d}x}=-\frac{a_x}{g+a_z} \tag{2-25}$$

对于做水平匀加速直线运动容器内的流体，等压面方程为

$$\frac{\mathrm{d}z}{\mathrm{d}x}=-\frac{a}{g} \tag{2-26}$$

显然，等压面为与自由面相平行的一簇平面。

下面基于流体平衡方程求解流体内的压强表达式。

$$p=\int \mathrm{d}p=\int \nabla p \cdot \mathrm{d}\boldsymbol{l}=\int \rho \boldsymbol{f} \cdot \mathrm{d}\boldsymbol{l} \tag{2-27}$$

$$=\rho \int [-a_x \mathrm{d}x-(g+a_z)\mathrm{d}z]$$

$$=-\rho a_x x-\rho(g+a_z)z+C(常数)$$

这就是匀加速直线运动状态下均质流体内的压强表达式。

对于等压面，$\mathrm{d}p=0$，根据式（2-27）得

$$a_x \mathrm{d}x+(g+a_z)\mathrm{d}z=0$$

因此有

$$\frac{\mathrm{d}z}{\mathrm{d}x}=-\frac{a_x}{g+a_z}$$

与式（2-25）相同。

【例 2-2】 如图 2.6 所示，一水平向右做匀加速直线运动的小车上载有一容器，内装有一定量的水，设此时水的密度为 $1000\mathrm{kg/m^3}$，小车加速度为 $5\mathrm{m/s^2}$，求容器中流体的等压面方程。

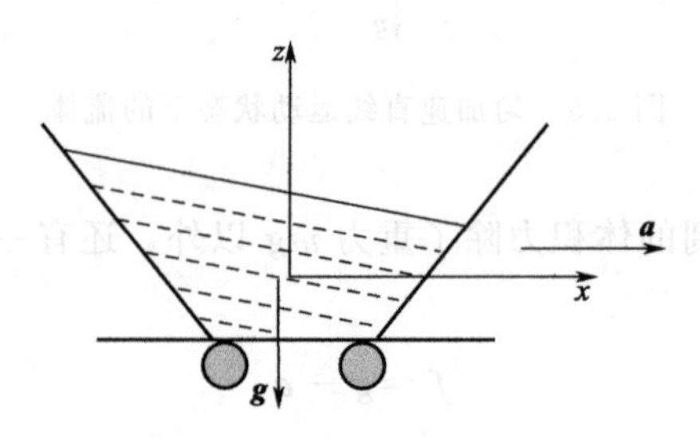

图 2.6 【例 2-2】示意图

解：

设 z 轴向上为正方向，水平向右为 x 轴正方向，根据式（2-27）建立方程。由于不存在垂直方向惯性力，因此 $a_z=0$，则

$$p=\int \mathrm{d}p=\int \rho \boldsymbol{f} \cdot \mathrm{d}\boldsymbol{l}$$

$$=-\rho a x-\rho g z+C(常数)$$

得

$$p=-5000x-9800z+C(常数)$$

即等压面方程为

$$z=-0.51x+\text{常数}$$

若以自由表面中心记为坐标原点，则自由表面方程为

$$z=-0.51x$$

(2) 绕垂直轴匀速旋转状态下均质流体的相对平衡

一个装有一定量均质流体的圆柱形容器绕其中心轴线做匀速旋转，容器半径记为 R，旋转角速度大小为 ω，选用柱坐标系，定义坐标原点为容器底部中心，并设容器内任一点距离中心轴线的距离为 r（如图 2.7 所示），则

$$\nabla p=\rho(\boldsymbol{g}+r\omega^2\boldsymbol{e}_r) \tag{2-28}$$

式中，$\boldsymbol{e}_r$ 为径向向外的单位矢量。

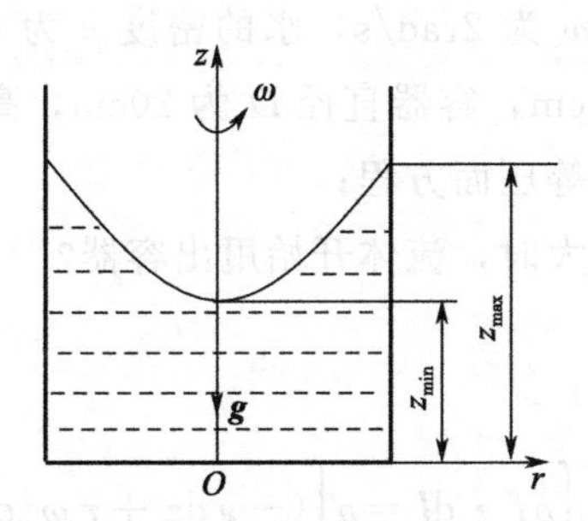

图 2.7 绕垂直轴匀速旋转状态下的流体

因重力加速度在 z 轴负方向，离心加速度在 r 轴正方向，因此根据流体平衡方程有

$$p=\int\rho\boldsymbol{f}\cdot\mathrm{d}\boldsymbol{l}=\rho\int(-g\mathrm{d}z+r\omega^2\mathrm{d}r)$$

$$=\rho\left(-gz+\frac{r^2\omega^2}{2}\right)+C(\text{常数}) \tag{2-29}$$

等压面上 p 为常量，因此由上式可得等压面函数

$$z=\frac{r^2\omega^2}{2g}+\text{常数} \tag{2-30}$$

由式（2-30）可见，等压面（包括自由表面）方程是开口向上的旋转抛物面，即等压面为一簇旋转抛物面。

如图 2.7 所示，当容器匀速旋转时，中心液位会降低，外侧液位会升高，结果是中心点最低，为 $z_{\min}$，而靠近容器内壁处最高，为 $z_{\max}$，两者高度差为 Δz。则对于中心点和内壁处，分别建立式（2-30）的方程，有

$$z_{\min}=\text{常数}$$

$$z_{\max}=\frac{R^2\omega^2}{2g}+常数 \tag{2-31}$$

上两式相减得

$$\frac{R^2\omega^2}{2g}=\Delta z$$

变换得

$$\omega=\frac{\sqrt{2g\Delta z}}{R} \tag{2-32}$$

由式（2-30）和式（2-32）均可发现，对于匀速旋转状态下的旋转角速度 ω 越大，等压面所在的抛物面越陡。

【例 2-3】 如图 2.8 所示，一绕垂直轴做匀速旋转运动的圆柱形容器内装有一定量的水，旋转角速度 ω 为 2rad/s，水的密度 ρ 为 1000kg/m³，运动前处于静止状态的水面高 h 为 25cm，容器直径 D 为 20cm，高 H 为 30cm。

求：① 流体旋转时的等压面方程；

② 旋转角速度达到多大时，流体开始甩出容器？

解：

① 根据式（2-29），

$$\begin{aligned} p&=\int\rho\boldsymbol{f}\cdot \mathrm{d}\boldsymbol{l}=\rho\int(-g\,\mathrm{d}z+r\omega^2\mathrm{d}r) \\ &=\rho\left(-gz+\frac{r^2\omega^2}{2}\right)+C(常数) \\ &=-9800z+2000r^2+C(常数) \end{aligned}$$

等压面方程为 $z=0.2r^2+C'$（常数）。

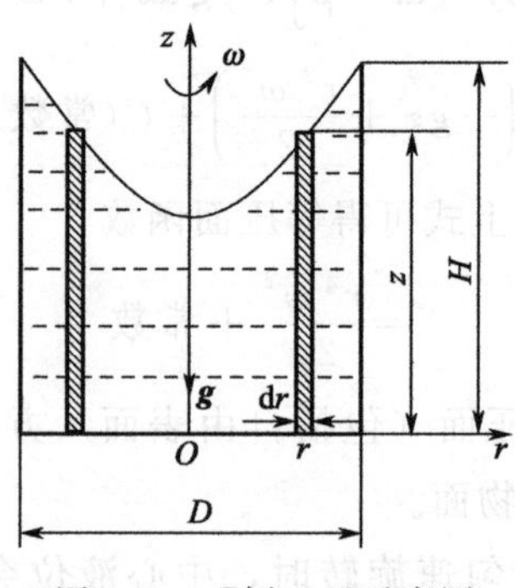

图 2.8 【例 2-3】示意图

② 我们知道，旋转角速度 ω 越大，抛物面越陡，当 ω 达到一定值时，$z_{\max}=H=0.3\text{m}$。根据式（2-31），可得

$$0.3=\frac{0.1^2\omega^2}{2g}+z_{\min}$$

又根据式（2-30）有

$$z=\frac{r^2\omega^2}{2g}+z_{\min}$$
$$=\frac{(r^2-0.1^2)\omega^2}{2g}+0.3$$

如图 2.8 所示，在半径 r 处选取环形微元体，高为 z，宽为 $\mathrm{d}r$，周长为 $2\pi r$，则环形微元体的体积为 $2\pi rz\mathrm{d}r$，当流体开始甩出容器时

$$\int_0^{\frac{D}{2}}2\pi rz\,\mathrm{d}r=\pi\left(\frac{D}{2}\right)^2h$$

$$\int_0^{0.1}2\pi r\left[\frac{(r^2-0.1^2)\omega^2}{2g}+0.3\right]\mathrm{d}r=0.0025\pi$$

解得

$$\omega=14(\mathrm{rad/s})$$

2.4 物体表面所受静止流体压强合力

这里我们讨论静止的均质流体施加给物体表面的压强合力问题。物体表面分别针对平面和曲面来进行分析。

2.4.1 平面所受流体压强合力

在重力场作用下，静止流体中的压强随着深度增加而线性增大。一般地，对于倾斜置于流体中的平板（如图 2.9 所示），平板上不同深度的点所承受流体的压强不同。另外，由于静止流体中只有法向应力而没有切向应力，因此平板上任一点的压强的方向都是垂直指向平板。

按照 2.3.3 节所述等效分界面的概念，我们建立等效分界面下的压强表达式。坐标建立如图 2.9 所示，以平板所在方向为 x 轴，指向斜下方；以平板延长面与等效分界面的交线为 y 轴，平板与水平面的夹角设为 θ，水深记作 h，平板面积为 S，平板上任一点的压强为

$$p=\rho gh=\rho gx\sin\theta$$

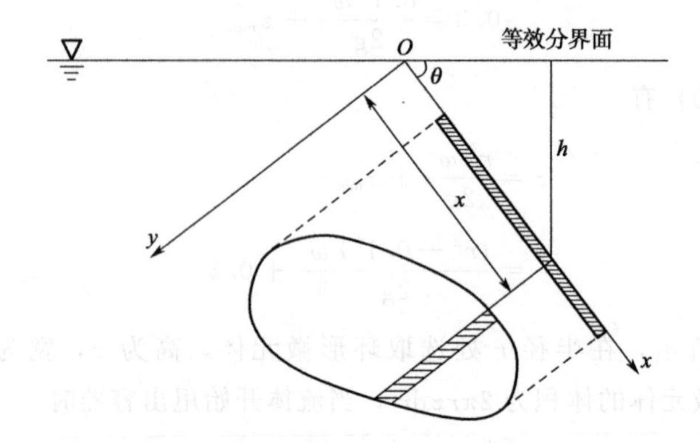

图 2.9　静止均质流体中平板受力示意图

在平板上选取宽度为 $\mathrm{d}x$ 的微元，微元面积为 $\mathrm{d}S$，整个平板所受压强的合力的大小为

$$F_{\mathrm{p}}=\int p\,\mathrm{d}S=\int \rho g x\sin\theta\,\mathrm{d}S=\rho g\sin\theta\int x\,\mathrm{d}S=\rho g\sin\theta\, x_{\mathrm{c}} S$$

式中，x_{c}为平板形心的 x 坐标。平板形心的 y 坐标设为 y_{c}。

由于 $x_{\mathrm{c}}\sin\theta=h_{\mathrm{c}}$，因此平板所受压强合力大小为

$$F_{\mathrm{p}}=\rho g\, h_{\mathrm{c}} S=p_{\mathrm{c}} S \tag{2-33}$$

可见，静止的均质流体对平板一侧的压强合力大小即是平板形心所受压强与平板面积的乘积。该结论不受平板在液体中的倾斜角度影响。

上面的结论相当于假设平板中任一点所受压强均与形心所受压强相等，而我们知道实际上是越深处所受压强越大，因此压强合力作用点要比形心低。设合力作用线经过平板上的（x_{p}，y_{p}）点，有下式成立（推导过程略）：

$$\begin{cases} x_{\mathrm{p}}-x_{\mathrm{c}}=\dfrac{I_{\xi\xi}}{x_{\mathrm{c}} S} \\ y_{\mathrm{p}}-y_{\mathrm{c}}=\dfrac{I_{\xi\eta}}{x_{\mathrm{c}} S} \end{cases} \tag{2-34}$$

式中，$I_{\xi\xi}$ 和 $I_{\xi\eta}$ 分别为平板表面的二阶惯性矩，η 和 ξ 分别为通过形心平行于 x 和 y 的两个坐标轴（即形心处 $\xi_{\mathrm{c}}=\eta_{\mathrm{c}}=0$），$I_{\xi\xi}=\int_S \eta^2\,\mathrm{d}S$，$I_{\xi\eta}=\int_S \xi\eta\,\mathrm{d}S$。

【例 2-4】 如图 2.10 所示有一容器，容器顶部为一矩形斜板，容器底面长 2m，容器宽均为 1m，斜板与水平面倾角为 10°，容器顶部有一开口细管，管中水面高出容器右上方 B 点 25cm。求斜板所受容器内水压的合力大小及作用点位置。

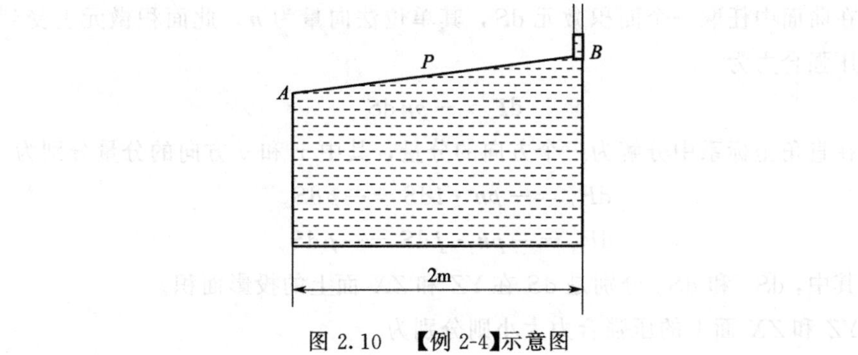

图 2.10　【例 2-4】示意图

解：

细管高出 25cm，因此容器斜板中形心 C 点水压强为

$$p_c = \rho g(h + 1 \times \tan 10^\circ)$$
$$= 1000 \times 9.8 \times (0.25 + 0.176) = 4175(\text{Pa})$$

合力为

$$F_p = p_c S = 4175 \times \left(\frac{2}{\cos 10^\circ} \times 1\right) = 8479(\text{N})$$

将 B 点 x 坐标定义为 0，x 轴由 B 指向 A，压强合力作用点 P 低于形心

$$x_p - x_c = \frac{I_{\xi\xi}}{x_c S} = \frac{\frac{1}{12} \times 1 \times \left(\frac{2}{\cos 10^\circ}\right)^3}{\frac{1}{\cos 10^\circ} \times \left(\frac{2}{\cos 10^\circ} \times 1\right)} = 0.338(\text{m})$$

2.4.2 曲面所受流体压强合力

如图 2.11 所示，我们来分析静止的均质流体作用于曲面上的压强合力。

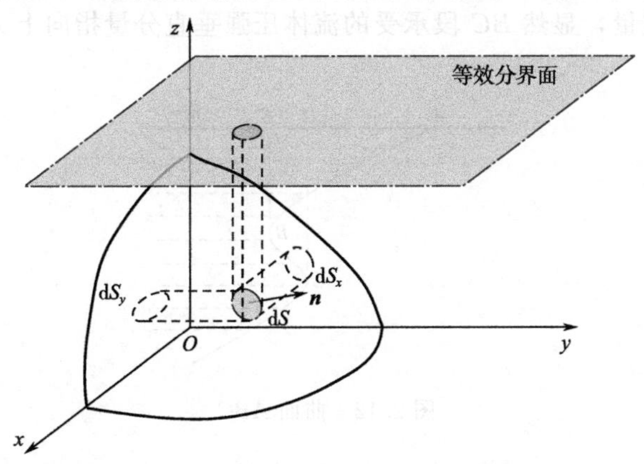

图 2.11　静止均质流体中曲面受力分析示意图

在曲面中任取一个面积微元 dS，其单位法向量为 $\boldsymbol{n}$，此面积微元上受到的流体压强合力为

$$\mathrm{d}\boldsymbol{F}=-p\boldsymbol{n}\mathrm{d}S$$

将其在直角坐标系中分解为三个方向的分量，其中 x 和 y 方向的分量分别为

$$\mathrm{d}F_x=-p\boldsymbol{n}\cdot\boldsymbol{i}\mathrm{d}S=-p\mathrm{d}S_x$$

$$\mathrm{d}F_y=-p\boldsymbol{n}\cdot\boldsymbol{j}\mathrm{d}S=-p\mathrm{d}S_y$$

其中，$\mathrm{d}S_x$ 和 $\mathrm{d}S_y$ 分别是 $\mathrm{d}S$ 在 YZ 和 ZX 面上的投影面积。

YZ 和 ZX 面上的压强合力大小则分别为

$$\begin{cases}F_x=-\int_{S_x}p\mathrm{d}S_x\\F_y=-\int_{S_y}p\mathrm{d}S_y\end{cases}\tag{2-35}$$

由式（2-35）可见，曲面上所受到的流体压强合力的 x 和 y 分量大小分别等于该曲面在 YZ 和 ZX 面上的投影（平面）所受到的流体压强合力，求解方法如 2.4.1 节所述。

对于垂直分量 $\mathrm{d}F_z$，计算方法如下：

$$\mathrm{d}F_z=-p\boldsymbol{n}\cdot\boldsymbol{k}\mathrm{d}S=-p\mathrm{d}S_z=-\rho g h_e\mathrm{d}S_z\tag{2-36}$$

可见，曲面上所受到的流体压强合力的 z 分量大小等于曲面上方到等效分界面之间全部充满该液体的总重量。

需要注意的是，这里所说的全部充满该液体是一种假想的概念，并非实际充满。如图 2.12 所示的河岸曲面 ABC，在计算其承受的流体压强合力的垂直分量时，可以分段进行考虑。其中 AB 段，其与等效分界面上方全部充满河水的重量，即 ABE 空间内河水的总重量，显然 AB 段承受的流体压强垂直分量指向下方；再分析 BC 段，其与等效分界面上方全部充满河水的重量，即 $BCDE$ 空间内河水的总重量，显然 BC 段承受的流体压强垂直分量指向上方。

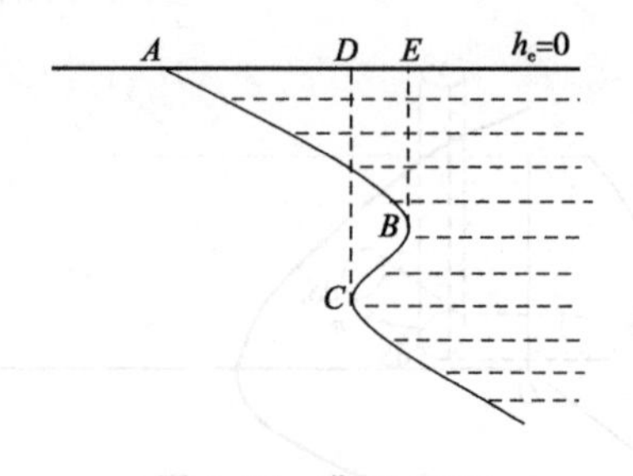

图 2.12　曲面 ABC

由本节分析的静止流体中平面和曲面所受流体压强合力问题，不难求出全部或部分浸没在液体中的浮体的平衡问题。

2.1　已知 M 点的应力张量

$$\boldsymbol{P}=\begin{bmatrix}2 & 0 & 1\\ 0 & 0 & -1\\ 1 & -1 & 1\end{bmatrix}$$

求图示 ABC 平面与其外法向 $\boldsymbol{n}$ 对应的应力矢量 $\boldsymbol{p}_n$。

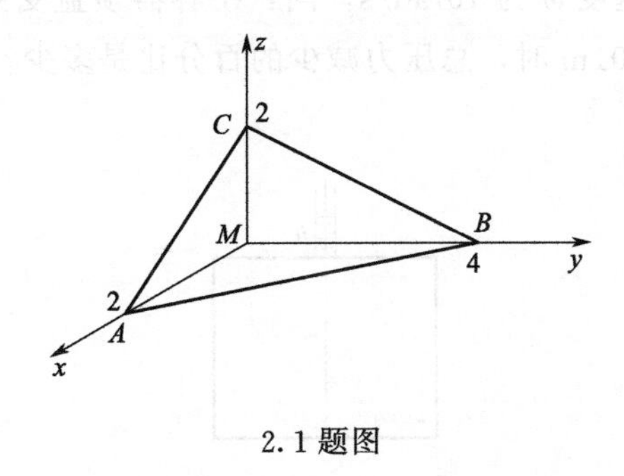

2.1 题图

2.2　如图所示有一个 U 形管装置，安装在一个做匀加速运动的小车上，根据图中已知数据，求该小车运动的加速度及其加速运动方向。

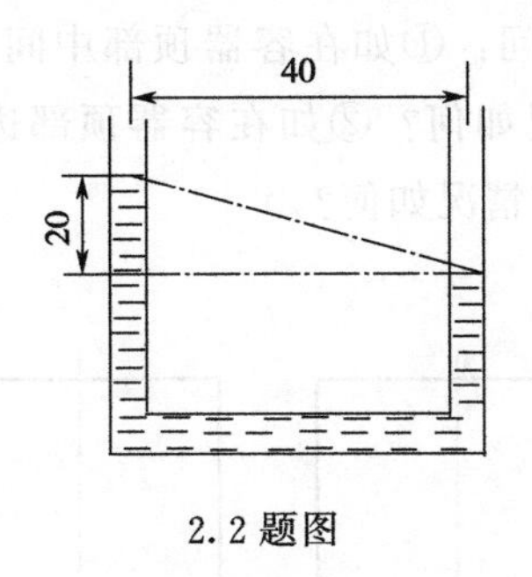

2.2 题图

2.3　有一与水平面成 30°角的斜面，斜面上方有一小车，小车上有一个装有水的容器，在小车的带动下沿斜面向右下方做匀加速运动，问加速度多大时容器中水的液面恰好与斜面平行？

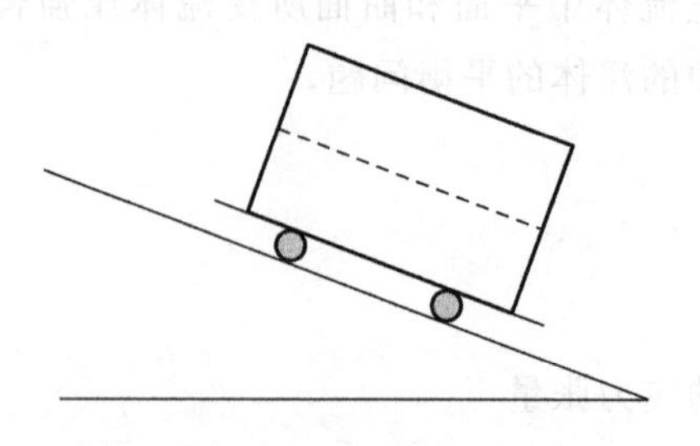

2.3 题图

2.4 有一中心带开口细管的圆柱形容器，容器直径 D 为 0.2m，内装满液体介质，介质密度 ρ 为 1200kg/m^3，开口管中的液位比容器高出部分 h 为 0.05m，容器旋转角速度 ω 为 10rad/s，问：①容器顶盖受到的液体总压力是多少？②当 h 减小到 0.01m 时，总压力减少的百分比是多少？

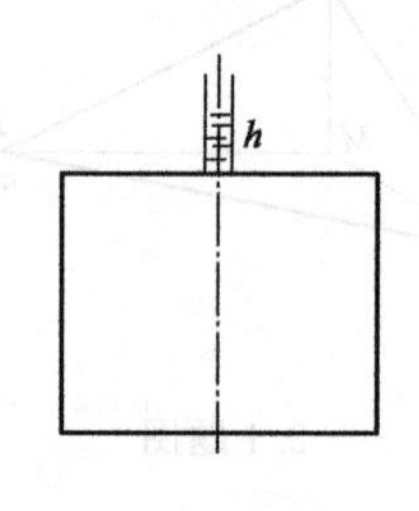

2.4 题图

2.5 一立式圆柱形容器，直径为 D，容器中装满单一液体介质，密度为 ρ，容器旋转角速度为 ω，问：①如在容器顶部中间开有一小孔与大气相连时，容器内液体的压强分布情况如何？②如在容器顶部边缘开有一小孔与大气相连时，容器内液体的压强分布情况如何？

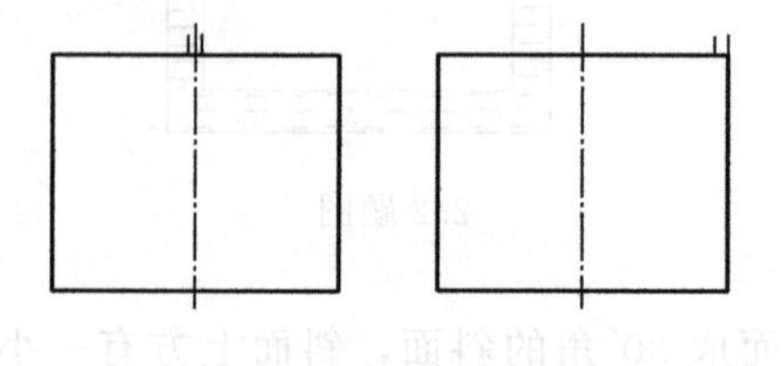

2.5 题图

2.6 请画出图中所示几种曲面的压力体形状，同时说明曲面所受流体压强合力垂直分量的方向。

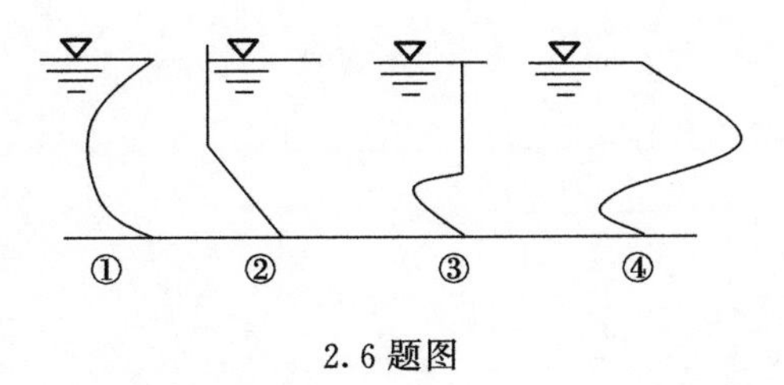

2.6 题图

2.7 如图所示有一变径圆柱形均质物体，上部分直径为 6cm、长 21cm，下部分直径为 10cm、长 25cm，该物体漂浮在水中且上部分有三分之一露出水面，求该物体的密度。

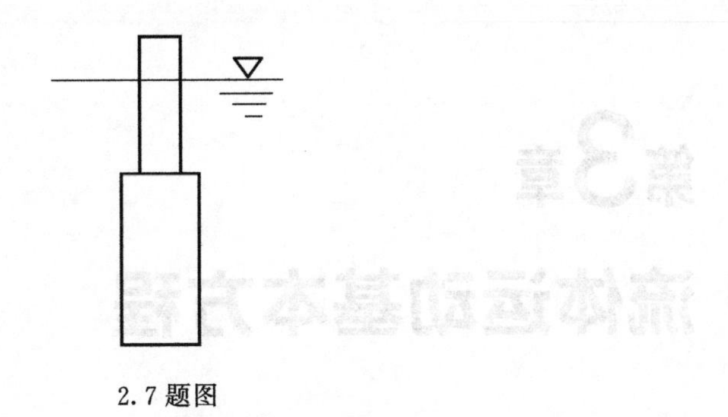

2.7 题图

第3章 流体运动基本方程

- 系统与控制体
- 微分形式的流体质量连续性方程
- 雷诺输运方程
- 流体运动方程
- 流体力学基本方程组的建立与求解

研究流体运动规律，学习掌握流体运动的基本方程是基础。本章将推导或介绍流体运动的质量连续性方程及运动方程，并介绍流体力学的理论模型。

3.1 系统与控制体

流体运动的描述方法有拉格朗日描述法和欧拉描述法，分别针对流体质点和空间域，因此与下述的系统和控制体相对应。

3.1.1 系统

流体中的**系统**是指某一确定的流体团，在连续介质假设条件下，是由确定的连续分布的流体质点组成的有限体积内的流体团或微元体积内的流体微团。系统以外的环境即为外界，分隔系统与外界的截面称为系统的边界。因此可以看出，系统通常就是需要研究的流体单元的本身。

根据前面所述可知，系统具有以下特点：系统随着流体的运动而运动，系统内的流体质点始终是不变的，但其占有的体积和其边界形状也可随着运动而发生变化；系统与外界之间没有流体质量的交换，但可以有力的相互作用或能量的交换。

同时，我们也可以发现，系统的概念是与拉格朗日描述法相联系的。

3.1.2 控制体

在流场当中，选取一个相对固定的空间域，即为**控制体**。控制体的形状可以是任意的，其封闭表面为控制面，控制面以外的空间称为外界。这个控制面可以是实际的流体面，也可以是一个虚拟的几何面。

控制体具有以下特点：控制体一旦选取，不仅相对于某坐标系固定，其体积和形状也都不发生任何改变；控制体内部与外界之间可以有流体质量的交换，也可以有力的相互作用或能量的交换。

显然，针对控制体的研究是与欧拉描述法相联系的。

在流体力学研究中，往往关心的是流场中的普遍运动规律，而非某一流体团或流体微团的运动规律，因此针对控制体的分析相对常见一些。另外，针对系统，可以直接应用物理学的基本定律，方程直观且易于理解；针对控制体的分析，虽然通用性好，但需要把系统物理量随时间的变化率转换为控制体的积分形式。

流体力学中反映运动特性的基本物理定律主要包括质量守恒定律、动量守恒定律、动量矩守恒定律、热力学第一定律。反映流体本身特性的基本定律包括流体的本构方程、流体状态方程。

3.2 微分形式的流体质量连续性方程

流体运动遵循质量守恒定律，即某一流体系统中的流体质量在运动过程中是保持不变的；或者说，在某一固定空间（控制体）中，流体质量的减少率等于在此期间通过其表面的质量通量。由此建立的数学表达式即为连续性方程。下面以一个微元六面体 $\mathrm{d}x\mathrm{d}y\mathrm{d}z$ 作为控制体（如图 3.1 所示）来建立微分形式的质量连续性方程。

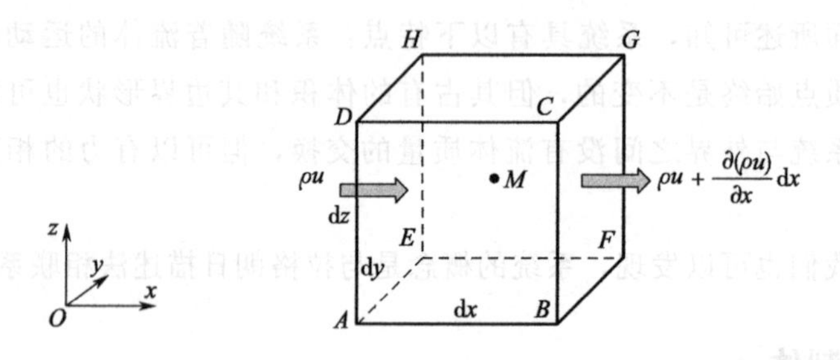

图 3.1　微元六面体

在流体运动过程中，会有流体流入或流出该控制体，控制体内的流体质量因此而发生变化，通过计算流入和流出的量，以及控制体中流体质量的变化，根据流体质量守恒定律，即可建立质量连续性方程。

设在 t 时刻 A 点处流体密度为 $\rho(x, y, z, t)$，流体速度为 $\boldsymbol{v}(x, y, z, t)$，因为微元控制体很小，因此以 A 点为交点的三个面的密度和速度均认为与 A 点相同，而其他对应面的密度和速度值则可分别以一阶泰勒展开形式给出。

设 A 点的速度分量为 u、v、w，则通过控制体左侧面 $AEHD$ 流入的速度分量只有 u，同理，通过控制体前面 $ABCD$ 和下底面 $ABFE$ 流入的速度分量只有 v 和 w。我们先计算左右两侧面流入和流出的质量流量。

在 Δt 时间内通过左侧面 $AEHD$ 流入的流体质量为

$$\rho u \mathrm{d}y \mathrm{d}z \Delta t$$

通过右侧面 $BFGC$ 流出的流体质量为

$$\rho u \mathrm{d}y \mathrm{d}z \Delta t+\frac{\partial(\rho u)}{\partial x}\mathrm{d}x \mathrm{d}y \mathrm{d}z \Delta t$$

由此可见，在 Δt 时间内通过左右两侧面净流出的流体质量为

$$\frac{\partial(\rho u)}{\partial x}\mathrm{d}x \mathrm{d}y \mathrm{d}z \Delta t$$

同理可计算出通过前后两面和上下两面净流出的流体质量分别为

$$\frac{\partial(\rho v)}{\partial y}\mathrm{d}x \mathrm{d}y \mathrm{d}z \Delta t$$

和

$$\frac{\partial(\rho w)}{\partial z}\mathrm{d}x \mathrm{d}y \mathrm{d}z \Delta t$$

因此，通过控制体表面净流出的流体总质量为

$$\left[\frac{\partial(\rho u)}{\partial x}+\frac{\partial(\rho v)}{\partial y}+\frac{\partial(\rho w)}{\partial z}\right]\mathrm{d}x \mathrm{d}y \mathrm{d}z \Delta t$$

与此同时，t 时刻控制体中流体的总质量为

$$\rho \mathrm{d}x \mathrm{d}y \mathrm{d}z$$

经过 Δt 时间后，其质量按照一阶泰勒展开得

$$\rho \mathrm{d}x \mathrm{d}y \mathrm{d}z+\frac{\partial}{\partial t}(\rho \mathrm{d}x \mathrm{d}y \mathrm{d}z)\Delta t$$

可见，Δt 时间内控制体内的流体质量减少了

$$-\frac{\partial \rho}{\partial t}\mathrm{d}x \mathrm{d}y \mathrm{d}z \Delta t$$

根据质量守恒定律，Δt 时间内通过微元控制体六个面净流出的流体质量与控制体内流体质量的减少量相等，即

$$\left[\frac{\partial(\rho u)}{\partial x}+\frac{\partial(\rho v)}{\partial y}+\frac{\partial(\rho w)}{\partial z}\right]\mathrm{d}x \mathrm{d}y \mathrm{d}z \Delta t=-\frac{\partial \rho}{\partial t}\mathrm{d}x \mathrm{d}y \mathrm{d}z \Delta t$$

约去 $\mathrm{d}x \mathrm{d}y \mathrm{d}z \Delta t$，得

$$\frac{\partial \rho}{\partial t}+\frac{\partial(\rho u)}{\partial x}+\frac{\partial(\rho v)}{\partial y}+\frac{\partial(\rho w)}{\partial z}=0 \tag{3-1}$$

即直角坐标系下流体运动的**微分形式质量连续性方程**。

根据散度的定义，可将式（3-1）写成散度的形式

$$\frac{\partial \rho}{\partial t}+\operatorname{div}(\rho \boldsymbol{v})=0 \tag{3-2}$$

进一步写为

$$\frac{\partial \rho}{\partial t}+\rho \operatorname{div} \boldsymbol{v}+\boldsymbol{v} \cdot \nabla \rho=0 \tag{3-3}$$

根据随体导数的定义，有

$$\frac{\mathrm{D} \rho}{\mathrm{D} t}=\frac{\partial \rho}{\partial t}+\boldsymbol{v} \cdot \nabla \rho$$

因此式（3-3）可变换为

$$\frac{\mathrm{D} \rho}{\mathrm{D} t}+\rho \operatorname{div} \boldsymbol{v}=0 \tag{3-4}$$

对于定常流动，由式（3-2）可得

$$\operatorname{div}(\rho \boldsymbol{v})=0 \tag{3-5}$$

该式表示流体质量的流入与流出相等，即净流出的流体质量为零。

对于不可压缩流体，流体密度 ρ 始终保持不变，因此，由式（3-4）可得

$$\operatorname{div} \boldsymbol{v}=0 \tag{3-6}$$

表明流体不可压缩时，流体体积不发生变化。

【例 3-1】 不可压缩流体作有自由面的三维波动，其底面为平面，波动振幅小，请给出其连续性方程。

解：

设水平方向坐标分别为 x 和 y，假设静止水面对应的深度为 $h(x, y)$，自由表面距静止水面 $\xi(x, y, t)$，水流速度分别为 $u(x, y)$、$v(x, y)$，水的密度 ρ 为常数。

取一个截面面积为 $\mathrm{d}x\mathrm{d}y$ 的结构作为控制体（如图 3.2 所示），控制体体积为 $(h+\xi)\mathrm{d}x\mathrm{d}y$ 。

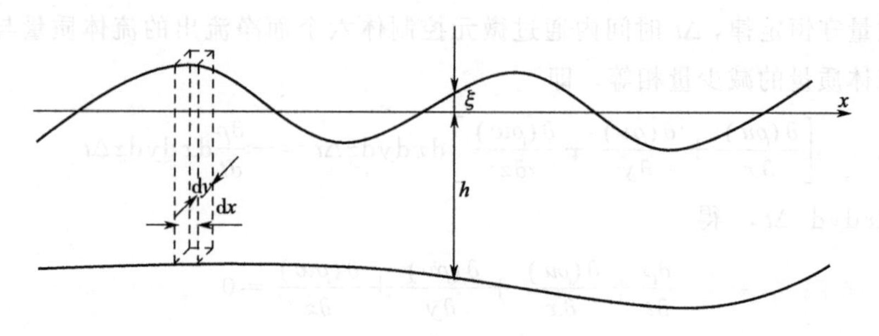

图 3.2 【例 3-1】示意图

从控制体左侧面单位时间流入的流体质量为 $\rho(h+\xi)u\mathrm{d}y$ ，从右侧面单位时间流出的流体质量为

$$\rho(h+\xi)u\mathrm{d}y+\frac{\partial}{\partial x}[\rho(h+\xi)u\mathrm{d}y]\mathrm{d}x$$

则单位时间自控制体左右两侧面净流出的流体质量为

$$\rho\frac{\partial}{\partial x}[(h+\xi)u]\mathrm{d}x\mathrm{d}y$$

同理，从控制体前侧面单位时间流入的流体质量为$\rho(h+\xi)v\mathrm{d}x$，从后侧面单位时间流出的流体质量为

$$\rho(h+\xi)v\mathrm{d}x+\frac{\partial}{\partial y}[\rho(h+\xi)v\mathrm{d}x]\mathrm{d}y$$

则单位时间自控制体前后两侧面净流出的流体质量为

$$\rho\frac{\partial}{\partial y}[(h+\xi)v]\mathrm{d}x\mathrm{d}y$$

单位时间自控制体所有侧面净流出的流体总质量为

$$\rho\frac{\partial}{\partial x}[(h+\xi)u]\mathrm{d}x\mathrm{d}y+\rho\frac{\partial}{\partial y}[(h+\xi)v]\mathrm{d}x\mathrm{d}y$$

控制体质量为$\rho(h+\xi)\mathrm{d}x\mathrm{d}y$，$\Delta t$ 时间后控制体质量变为

$$\rho(h+\xi)\mathrm{d}x\mathrm{d}y+\frac{\partial}{\partial t}[\rho(h+\xi)\mathrm{d}x\mathrm{d}y]\Delta t$$

则单位时间控制体质量减少为

$$-\rho\frac{\partial}{\partial t}(h+\xi)\mathrm{d}x\mathrm{d}y$$

根据质量守恒定律，有

$$\rho\frac{\partial}{\partial x}[(h+\xi)u]\mathrm{d}x\mathrm{d}y+\rho\frac{\partial}{\partial y}[(h+\xi)v]\mathrm{d}x\mathrm{d}y=-\rho\frac{\partial}{\partial t}(h+\xi)\mathrm{d}x\mathrm{d}y$$

整理得

$$\frac{\partial}{\partial x}[(h+\xi)u]+\frac{\partial}{\partial y}[(h+\xi)v]+\frac{\partial}{\partial t}(h+\xi)=0 \tag{3-7}$$

即为连续性方程。

如等深，则

$$h\left(\frac{\partial u}{\partial x}+\frac{\partial v}{\partial y}\right)+\frac{\partial}{\partial x}(\xi u)+\frac{\partial}{\partial y}(\xi v)+\frac{\partial \xi}{\partial t}=0$$

通常$\xi \ll h$，则上式可近似为

$$h\left(\frac{\partial u}{\partial x}+\frac{\partial v}{\partial y}\right)+\frac{\partial \xi}{\partial t}=0$$

由例题可见，在实际问题分析中，首先根据流体流动特征选择合适的控制体，选择好流动参数，计算控制面的质量流入与流出，以及控制体的质量变化，

再根据质量守恒定律建立微分形式的连续性方程。

3.3 雷诺输运方程

设某一时刻流场中单位体积流体的物理量为 $f(\boldsymbol{r},\ t)$，则 t 时刻流体域 τ 上的流体总物理量为

$$I=\int_{\tau} f(\boldsymbol{r},\ t)\,\mathrm{d}\tau$$

以密度 $\rho(\boldsymbol{r},\ t)$ 为例，流体域 τ 上的流体总物理量即为总质量 M

$$M=\int_{\tau}\rho(\boldsymbol{r},\ t)\,\mathrm{d}\tau$$

通常体积分的积分域是可变的，即 $\tau=\tau(t)$，因此

$$I=I(t)=\int_{\tau(t)} f(\boldsymbol{r},\ t)\,\mathrm{d}\tau$$

设流体域 $\tau(t)$ 的周界面为 $A(t)$，周界面的外法线单位矢量为 $\boldsymbol{n}$，并设流体流动速度为 $\boldsymbol{v}$，如图 3.3 所示。

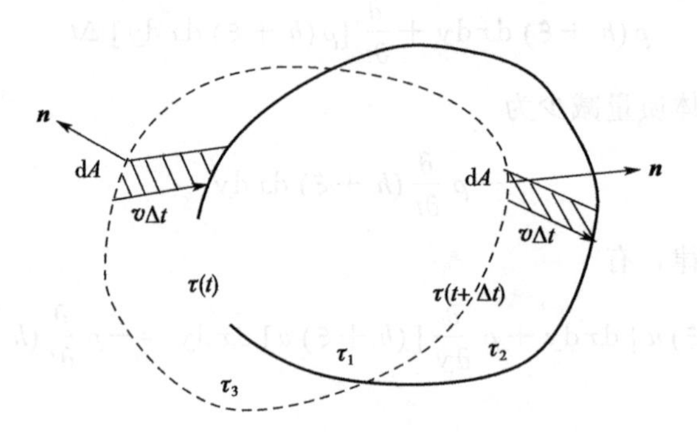

图 3.3　随时间变化的积分域

t 时刻流体域 τ 位于 $\tau(t)$，$t+\Delta t$ 时刻位于 $\tau(t+\Delta t)$，可见

$$\tau(t+\Delta t)=\tau_1+\tau_2=\tau(t)-\tau_3+\tau_2$$

式中，τ_1 为 $t+\Delta t$ 时刻与 t 时刻共有的流体域；τ_2 为 $t+\Delta t$ 时刻后新增的流体域；τ_3 为 $t+\Delta t$ 时刻后原 t 时刻流体域的减少部分。

对 $I(t)$ 计算其时间变化率

$$\frac{\mathrm{D}I(t)}{\mathrm{D}t}=\frac{\mathrm{D}}{\mathrm{D}t}\int_{\tau(t)} f(\boldsymbol{r},\ t)\,\mathrm{d}\tau=\lim_{\Delta t\to 0}\frac{I(t+\Delta t)-I(t)}{\Delta t}$$

对于 $I(t+\Delta t)$ 计算如下：

$$
\begin{aligned}
I(t+\Delta t) &= \int_{\tau(t+\Delta t)} f(\boldsymbol{r},\ t+\Delta t)\,\mathrm{d}\tau \\
&= I_{\tau(t+\Delta t)}(t+\Delta t) \\
&= I_{\tau(t)-\tau_3+\tau_2}(t+\Delta t) \\
&= I_{\tau(t)}(t+\Delta t) - I_{\tau_3}(t+\Delta t) + I_{\tau_2}(t+\Delta t)
\end{aligned}
$$

由此，

$$
\begin{aligned}
\frac{\mathrm{D}I(t)}{\mathrm{D}t} &= \lim_{\Delta t\to 0}\frac{I(t+\Delta t)-I(t)}{\Delta t} \\
&= \lim_{\Delta t\to 0}\frac{I_{\tau(t)}(t+\Delta t)-I_{\tau_3}(t+\Delta t)+I_{\tau_2}(t+\Delta t)-I_{\tau(t)}(t)}{\Delta t} \\
&= \lim_{\Delta t\to 0}\frac{I_{\tau(t)}(t+\Delta t)-I_{\tau(t)}(t)}{\Delta t}+\lim_{\Delta t\to 0}\frac{I_{\tau_2}(t+\Delta t)}{\Delta t}-\lim_{\Delta t\to 0}\frac{I_{\tau_3}(t+\Delta t)}{\Delta t} \\
&= \frac{\partial}{\partial t}I_{\tau(t)}+\lim_{\Delta t\to 0}\frac{I_{\tau_2}(t+\Delta t)}{\Delta t}-\lim_{\Delta t\to 0}\frac{I_{\tau_3}(t+\Delta t)}{\Delta t} \\
&= \frac{\partial}{\partial t}\int_{\tau(t)} f(\boldsymbol{r},\ t)\,\mathrm{d}\tau+\lim_{\Delta t\to 0}\frac{I_{\tau_2}(t+\Delta t)}{\Delta t}-\lim_{\Delta t\to 0}\frac{I_{\tau_3}(t+\Delta t)}{\Delta t}
\end{aligned}
\tag{3-8}
$$

对于 τ_2 积分域，设其周界面为 A_2，即 $\tau(t)$ 与 τ_2 的公共面，

$$
\mathrm{d}\tau = \boldsymbol{v}\cdot\boldsymbol{n}\,\mathrm{d}A\,\Delta t
$$

$$
\begin{aligned}
\lim_{\Delta t\to 0}\frac{I_{\tau_2}(t+\Delta t)}{\Delta t} &= \lim_{\Delta t\to 0}\frac{\int_{\tau_2} f(\boldsymbol{r},\ t+\Delta t)\,\mathrm{d}\tau}{\Delta t} \\
&= \lim_{\Delta t\to 0}\frac{\int_{A_2} f(\boldsymbol{r},\ t+\Delta t)\boldsymbol{v}\cdot\boldsymbol{n}\,\mathrm{d}A\,\Delta t}{\Delta t} \\
&= \int_{A_2} f(\boldsymbol{r},\ t)\boldsymbol{v}\cdot\boldsymbol{n}\,\mathrm{d}A
\end{aligned}
$$

即单位时间内从 τ 的 A_2 部分表面上流出的物理量。

同理，对于 τ_3 积分域，设其周界面为 A_3，即 $\tau(t)$ 与 τ_3 的公共面，且 $\boldsymbol{v}$ 与 $\boldsymbol{n}$ 的夹角为钝角，因此

$$
\mathrm{d}\tau = -\boldsymbol{v}\cdot\boldsymbol{n}\,\mathrm{d}A\,\Delta t
$$

$$
\begin{aligned}
-\lim_{\Delta t\to 0}\frac{I_{\tau_3}(t+\Delta t)}{\Delta t} &= -\lim_{\Delta t\to 0}\frac{\int_{\tau_3} f(\boldsymbol{r},\ t+\Delta t)\,\mathrm{d}\tau}{\Delta t} \\
&= \lim_{\Delta t\to 0}\frac{\int_{A_3} f(\boldsymbol{r},\ t+\Delta t)\boldsymbol{v}\cdot\boldsymbol{n}\,\mathrm{d}A\,\Delta t}{\Delta t} \\
&= \int_{A_3} f(\boldsymbol{r},\ t)\boldsymbol{v}\cdot\boldsymbol{n}\,\mathrm{d}A
\end{aligned}
$$

即单位时间内从 τ 的 A_3 部分表面上流入的物理量。

$$\lim_{\Delta t \to 0} \frac{I_{\tau_2}(t+\Delta t)}{\Delta t} - \lim_{\Delta t \to 0} \frac{I_{\tau_3}(t+\Delta t)}{\Delta t} = \int_{A_2} f(\boldsymbol{r}, t)\boldsymbol{v} \cdot \boldsymbol{n} \mathrm{d}A + \int_{A_3} f(\boldsymbol{r}, t)\boldsymbol{v} \cdot \boldsymbol{n} \mathrm{d}A$$

$$= \int_{A_3+A_2} f(\boldsymbol{r}, t)\boldsymbol{v} \cdot \boldsymbol{n} \mathrm{d}A$$

$$= \oint_A f(\boldsymbol{r}, t)\boldsymbol{v} \cdot \boldsymbol{n} \mathrm{d}A$$

即 t 时刻单位时间内从 τ 的表面 A 上净流出的物理量。

式（3-8）变换为

$$\frac{\mathrm{D}I(t)}{\mathrm{D}t} = \frac{\partial}{\partial t}\int_{\tau(t)} f(\boldsymbol{r}, t)\,\mathrm{d}\tau + \oint_A f(\boldsymbol{r}, t)\boldsymbol{v} \cdot \boldsymbol{n} \mathrm{d}A \tag{3-9}$$

或写成

$$\frac{\mathrm{D}}{\mathrm{D}t}\int_{\tau(t)} f(\boldsymbol{r}, t)\,\mathrm{d}\tau = \frac{\partial}{\partial t}\int_{\tau(t)} f(\boldsymbol{r}, t)\,\mathrm{d}\tau + \oint_A f(\boldsymbol{r}, t)\boldsymbol{v} \cdot \boldsymbol{n} \mathrm{d}A \tag{3-10}$$

式（3-9）和式（3-10）即为**雷诺输运方程**，表明：某时刻一可变体积上系统总物理量的时间变化率，等于该时刻控制体中物理量的时间变化率与单位时间内通过该控制体表面净输运的流体物理量之和。

式（3-10）亦称为体积分的随体导数。

将流体密度 $\rho(\boldsymbol{r}, t)$ 代替 $f(\boldsymbol{r}, t)$，则可得积分形式的质量连续性方程：

$$\frac{\mathrm{D}}{\mathrm{D}t}\int_{\tau(t)} \rho(\boldsymbol{r}, t)\mathrm{d}\tau = \frac{\partial}{\partial t}\int_{\tau(t)} \rho(\boldsymbol{r}, t)\mathrm{d}\tau + \oint_A \rho(\boldsymbol{r}, t)\boldsymbol{v} \cdot \boldsymbol{n} \mathrm{d}A \tag{3-11}$$

对于某一系统而言，流体质量不变，因此

$$\frac{\mathrm{D}}{\mathrm{D}t}\int_{\tau(t)} \rho(\boldsymbol{r}, t)\mathrm{d}\tau = 0$$

故式（3-11）可写为

$$\frac{\partial}{\partial t}\int_{\tau(t)} \rho(\boldsymbol{r}, t)\mathrm{d}\tau + \oint_A \rho(\boldsymbol{r}, t)\boldsymbol{v} \cdot \boldsymbol{n} \mathrm{d}A = 0 \tag{3-12}$$

式（3-12）即为积分形式的质量连续性方程。

式（3-12）变换后得

$$\oint_A \rho(\boldsymbol{r}, t)\boldsymbol{v} \cdot \boldsymbol{n} \mathrm{d}A = -\frac{\partial}{\partial t}\int_{\tau(t)} \rho(\boldsymbol{r}, t)\mathrm{d}\tau \tag{3-13}$$

式（3-13）表示控制体 τ 内流体质量随时间的局部减少率等于净流出周界面 A 的质量流量。

下面对几种特殊情况加以讨论：

① 定常流动时，$\frac{\partial}{\partial t}=0$，式（3-13）变换为

$$\oint_A \rho(\boldsymbol{r},\ t)\boldsymbol{v}\cdot\boldsymbol{n}\mathrm{d}A=0 \tag{3-14}$$

② 当控制体分别只有一个进口截面 A_i 和一个出口截面 A_o 时，

$$\frac{\partial}{\partial t}\int_\tau \rho\mathrm{d}\tau=\int_{A_i}\rho_i\boldsymbol{v}_i\cdot\boldsymbol{n}_i\mathrm{d}A-\int_{A_o}\rho_o\boldsymbol{v}_o\cdot\boldsymbol{n}_o\mathrm{d}A=Q_{mi}-Q_{mo} \tag{3-15}$$

③ 定常流动且控制体分别只有一个物理量均匀分布的进口截面 A_i 和出口截面 A_o 时，

$$\rho_i\boldsymbol{v}_i\cdot\boldsymbol{n}_i A_i=\rho_o\boldsymbol{v}_o\cdot\boldsymbol{n}_o A_o \tag{3-16}$$

即

$$Q_{mi}=Q_{mo} \tag{3-17}$$

④ 如果在满足③的条件下，同时还是不可压缩流体，则有

$$\boldsymbol{v}_i\cdot\boldsymbol{n}_i A_i=\boldsymbol{v}_o\cdot\boldsymbol{n}_o A_o \tag{3-18}$$

即

$$Q_i=Q_o \tag{3-19}$$

3.4 流体运动方程

流体运动遵守的另一个定律是动量守恒定律，含义是对于某一流体系统，其动量的时间变化率等于所受到的合外力。数学表达式即为**流体运动方程**。

3.4.1 积分形式的流体运动方程

根据动量守恒定律，设动量为 $\boldsymbol{k}$，合外力为 $\boldsymbol{F}_\Sigma$，则

$$\frac{\mathrm{D}\boldsymbol{k}}{\mathrm{D}t}=\boldsymbol{F}_\Sigma \tag{3-20}$$

$$\frac{\mathrm{D}}{\mathrm{D}t}\int_\tau \rho\boldsymbol{v}\mathrm{d}\tau=\int_\tau \rho\boldsymbol{f}\mathrm{d}\tau+\oint_A \boldsymbol{p}_n\mathrm{d}A \tag{3-21}$$

利用体积分的随体导数定义式（3-10），有

$$\frac{\partial}{\partial t}\int_\tau \rho\boldsymbol{v}\mathrm{d}\tau+\oint_A \rho\boldsymbol{v}(\boldsymbol{v}\cdot\boldsymbol{n})\mathrm{d}A=\int_\tau \rho\boldsymbol{f}\mathrm{d}\tau+\oint_A \boldsymbol{p}_n\mathrm{d}A \tag{3-22}$$

式（3-22）即为积分形式的流体运动方程。对于定常流动，则有

$$\oint_A \rho\boldsymbol{v}(\boldsymbol{v}\cdot\boldsymbol{n})\mathrm{d}A=\int_\tau \rho\boldsymbol{f}\mathrm{d}\tau+\oint_A \boldsymbol{p}_n\mathrm{d}A \tag{3-23}$$

3.4.2 微分形式的流体运动方程

仍然采用微元六面体 $dx\,dy\,dz$ 建立微分形式的流体运动方程。

如图 3.1 所示，取 t 时刻微元六面体内的流体为分析的系统。设 A 点的流体密度为ρ，速度为 $\boldsymbol{v}$，三个速度分量为 u，v，w，作用于 A 点的单位质量力为 $\boldsymbol{f}$，作用于面 $AEHD$、$ABCD$、$ABFE$ 上的表面力分别为 $\boldsymbol{F}_{\mathrm{p}(-x)}$、$\boldsymbol{F}_{\mathrm{p}(-y)}$、$\boldsymbol{F}_{\mathrm{p}(-z)}$。

首先计算流体所受的外力，包括质量力与表面力。

微元六面体受到的质量力为

$$\rho \boldsymbol{f}\,dx\,dy\,dz \tag{3-24}$$

下面计算表面力。

作用于面 $AEHD$、$ABCD$、$ABFE$ 上的应力分别为 $\boldsymbol{p}_{-x}$、$\boldsymbol{p}_{-y}$、$\boldsymbol{p}_{-z}$，即

$$\boldsymbol{p}_{-x} = -\boldsymbol{p}_x = -(p_{xx}\boldsymbol{i} + p_{xy}\boldsymbol{j} + p_{xz}\boldsymbol{k})$$
$$\boldsymbol{p}_{-y} = -\boldsymbol{p}_y = -(p_{yx}\boldsymbol{i} + p_{yy}\boldsymbol{j} + p_{yz}\boldsymbol{k})$$
$$\boldsymbol{p}_{-z} = -\boldsymbol{p}_z = -(p_{zx}\boldsymbol{i} + p_{zy}\boldsymbol{j} + p_{zz}\boldsymbol{k})$$

作用于各自相对面的应力分别为

$$\boldsymbol{p}_x + \frac{\partial}{\partial x}\boldsymbol{p}_x dx = p_{xx}\boldsymbol{i} + p_{xy}\boldsymbol{j} + p_{xz}\boldsymbol{k} + \frac{\partial}{\partial x}(p_{xx}\boldsymbol{i} + p_{xy}\boldsymbol{j} + p_{xz}\boldsymbol{k})\,dx$$

$$\boldsymbol{p}_y + \frac{\partial}{\partial y}\boldsymbol{p}_y dy = p_{yx}\boldsymbol{i} + p_{yy}\boldsymbol{j} + p_{yz}\boldsymbol{k} + \frac{\partial}{\partial y}(p_{yx}\boldsymbol{i} + p_{yy}\boldsymbol{j} + p_{yz}\boldsymbol{k})\,dy$$

$$\boldsymbol{p}_z + \frac{\partial}{\partial z}\boldsymbol{p}_z dz = p_{zx}\boldsymbol{i} + p_{zy}\boldsymbol{j} + p_{zz}\boldsymbol{k} + \frac{\partial}{\partial z}(p_{zx}\boldsymbol{i} + p_{zy}\boldsymbol{j} + p_{zz}\boldsymbol{k})\,dz$$

作用于这六个面上的所有表面力 [$\boldsymbol{p}_{-x}dy\,dz$、$\boldsymbol{p}_{-y}dx\,dz$、$\boldsymbol{p}_{-z}dx\,dy$、$(\boldsymbol{p}_x + \frac{\partial}{\partial x}\boldsymbol{p}_x dx)dy\,dz$、$(\boldsymbol{p}_y + \frac{\partial}{\partial y}\boldsymbol{p}_y dy)dx\,dz$、$(\boldsymbol{p}_z + \frac{\partial}{\partial z}\boldsymbol{p}_z dz)dx\,dy$] 在 x、y、z 轴的投影分别是

$$\left(\frac{\partial p_{xx}}{\partial x} + \frac{\partial p_{yx}}{\partial y} + \frac{\partial p_{zx}}{\partial z}\right)dx\,dy\,dz$$

$$\left(\frac{\partial p_{xy}}{\partial x} + \frac{\partial p_{yy}}{\partial y} + \frac{\partial p_{zy}}{\partial z}\right)dx\,dy\,dz$$

$$\left(\frac{\partial p_{xz}}{\partial x} + \frac{\partial p_{yz}}{\partial y} + \frac{\partial p_{zz}}{\partial z}\right)dx\,dy\,dz$$

以上三式写成矢量形式，即为

$$\left(\frac{\partial \boldsymbol{p}_x}{\partial x}+\frac{\partial \boldsymbol{p}_y}{\partial y}+\frac{\partial \boldsymbol{p}_z}{\partial z}\right)\mathrm{d}x\,\mathrm{d}y\,\mathrm{d}z \tag{3-25}$$

接下来计算流体系统的动量变化率。

从 t 时刻到 $t+\Delta t$ 时刻，流体系统运动到一新的位置，动量随之发生变化。依据雷诺输运方程，其动量变化率包括两部分，一部分是控制体内动量的变化率，另一部分是单位时间内通过该控制体表面净输运的流体动量。

对于控制体内动量的变化，计算如下：

在 t 时刻控制体内的动量为

$$\rho \boldsymbol{v}\mathrm{d}x\,\mathrm{d}y\,\mathrm{d}z$$

$t+\Delta t$ 时刻控制体内的动量变为

$$\rho \boldsymbol{v}\mathrm{d}x\,\mathrm{d}y\,\mathrm{d}z+\frac{\partial}{\partial t}(\rho \boldsymbol{v}\mathrm{d}x\,\mathrm{d}y\,\mathrm{d}z)\Delta t$$

故控制体内动量变化率为

$$\frac{\partial}{\partial t}(\rho \boldsymbol{v})\,\mathrm{d}x\,\mathrm{d}y\,\mathrm{d}z \tag{3-26}$$

下面计算经控制体表面流入流出的动量。

Δt 时间内，经左侧面流入的动量为

$$\rho u \boldsymbol{v}\mathrm{d}y\,\mathrm{d}z\,\Delta t$$

同时，经右侧面流出的动量为

$$\rho u \boldsymbol{v}\mathrm{d}y\,\mathrm{d}z\,\Delta t+\frac{\partial}{\partial x}(\rho u \boldsymbol{v}\mathrm{d}y\,\mathrm{d}z\,\Delta t)\,\mathrm{d}x$$

Δt 时间内，经左右两侧面净流出的动量则为

$$\frac{\partial}{\partial x}(\rho u \boldsymbol{v})\,\mathrm{d}x\,\mathrm{d}y\,\mathrm{d}z\,\Delta t$$

同理可得 Δt 时间内经前后两面和上下两面净流出的动量分别是

$$\frac{\partial}{\partial y}(\rho v \boldsymbol{v})\,\mathrm{d}x\,\mathrm{d}y\,\mathrm{d}z\,\Delta t$$

$$\frac{\partial}{\partial z}(\rho w \boldsymbol{v})\,\mathrm{d}x\,\mathrm{d}y\,\mathrm{d}z\,\Delta t$$

由此得单位时间内经微元六面体全部边界面净流出的动量为

$$\left[\frac{\partial}{\partial x}(\rho u \boldsymbol{v})+\frac{\partial}{\partial y}(\rho v \boldsymbol{v})+\frac{\partial}{\partial z}(\rho w \boldsymbol{v})\right]\mathrm{d}x\,\mathrm{d}y\,\mathrm{d}z \tag{3-27}$$

由式（3-26）和式（3-27）得该微元六面体流体系统的动量变化率为

$$\left[\frac{\partial}{\partial t}(\rho \boldsymbol{v})+(\boldsymbol{v}\cdot\nabla)\rho \boldsymbol{v}+\rho \boldsymbol{v}\mathrm{div}\boldsymbol{v}\right]\mathrm{d}x\,\mathrm{d}y\,\mathrm{d}z=\left[\frac{\mathrm{D}}{\mathrm{D}t}(\rho \boldsymbol{v})+\rho \boldsymbol{v}\mathrm{div}\boldsymbol{v}\right]\mathrm{d}x\,\mathrm{d}y\,\mathrm{d}z$$

$$=\left[\frac{\mathrm{D}\rho}{\mathrm{D}t}\boldsymbol{v}+\frac{\mathrm{D}\boldsymbol{v}}{\mathrm{D}t}\rho+\rho\,\boldsymbol{v}\,\mathrm{div}\boldsymbol{v}\right]\mathrm{d}x\,\mathrm{d}y\,\mathrm{d}z$$

$$=\left[\boldsymbol{v}\left(\frac{\mathrm{D}\rho}{\mathrm{D}t}+\rho\,\mathrm{div}\boldsymbol{v}\right)+\rho\,\frac{\mathrm{D}\boldsymbol{v}}{\mathrm{D}t}\right]\mathrm{d}x\,\mathrm{d}y\,\mathrm{d}z$$

依据式（3-4），得该微元六面体流体系统的动量变化率

$$\rho\,\frac{\mathrm{D}\boldsymbol{v}}{\mathrm{D}t}\mathrm{d}x\,\mathrm{d}y\,\mathrm{d}z \tag{3-28}$$

根据动量守恒定律，结合式（3-24）、式（3-25）和式（3-28），得

$$\begin{aligned}\rho\,\frac{\mathrm{D}\boldsymbol{v}}{\mathrm{D}t}&=\rho\boldsymbol{f}+\left(\frac{\partial\boldsymbol{p}_x}{\partial x}+\frac{\partial\boldsymbol{p}_y}{\partial y}+\frac{\partial\boldsymbol{p}_z}{\partial z}\right)\\&=\rho\boldsymbol{f}+\mathrm{div}\,\boldsymbol{P}\end{aligned} \tag{3-29}$$

上式即为微分形式的流体运动方程。

在直角坐标系下将流体运动方程写成分量形式：

$$\begin{cases}\rho\,\dfrac{\mathrm{D}u}{\mathrm{D}t}=\rho f_x+\dfrac{\partial p_{xx}}{\partial x}+\dfrac{\partial p_{yx}}{\partial y}+\dfrac{\partial p_{zx}}{\partial z}\\\rho\,\dfrac{\mathrm{D}v}{\mathrm{D}t}=\rho f_y+\dfrac{\partial p_{xy}}{\partial x}+\dfrac{\partial p_{yy}}{\partial y}+\dfrac{\partial p_{zy}}{\partial z}\\\rho\,\dfrac{\mathrm{D}w}{\mathrm{D}t}=\rho f_z+\dfrac{\partial p_{xz}}{\partial x}+\dfrac{\partial p_{yz}}{\partial y}+\dfrac{\partial p_{zz}}{\partial z}\end{cases} \tag{3-30}$$

下面讨论几种比较简单的特殊情况。

① 基于本构方程（推导过程略）

$$\boldsymbol{P}=2\mu\boldsymbol{E}+(-p+\lambda\,\mathrm{div}\boldsymbol{v})\boldsymbol{I}$$

代入式（3-29），并假设为不可压缩流体，且黏度系数 μ 为常量，得

$$\rho\,\frac{\mathrm{D}\boldsymbol{v}}{\mathrm{D}t}=\rho\boldsymbol{f}-\nabla p+\mu\nabla^2\boldsymbol{v} \tag{3-31}$$

写成标量形式为

$$\begin{cases}\rho\,\dfrac{\mathrm{D}u}{\mathrm{D}t}=\rho f_x-\dfrac{\partial p}{\partial x}+\mu\nabla^2 u\\\rho\,\dfrac{\mathrm{D}v}{\mathrm{D}t}=\rho f_y-\dfrac{\partial p}{\partial y}+\mu\nabla^2 v\\\rho\,\dfrac{\mathrm{D}w}{\mathrm{D}t}=\rho f_z-\dfrac{\partial p}{\partial z}+\mu\nabla^2 w\end{cases} \tag{3-32}$$

式（3-31）和式（3-32）即为纳维-斯托克斯方程（N-S 方程。纳维，Claude-Louis Navier，1785—1836；斯托克斯，George Gabriel Stokes，1819—1903）。

② 如再满足黏度系数 $\mu=0$，上式即变为欧拉方程：

$$\rho \frac{\mathrm{D}\boldsymbol{v}}{\mathrm{D}t}=\rho \boldsymbol{f}-\nabla p \tag{3-33}$$

③ 假设流体又处于静止状态，即为静力学方程［式（2-15）］：

$$\rho \boldsymbol{f}=\nabla p$$

对于流体动量矩平衡方程，建立并求解后得出的结论仍是证明了应力张量的对称性，本书不作证明。关于能量方程和状态方程亦不作分析。

3.5 流体力学基本方程组的建立与求解

流体运动是复杂多变的，迄今尚未建立对任何流体运动都适用的微分方程组。如果想得到局部范围内的流体总质量、总动量、总能量的变化以及流体与外界间的作用力或者总能量的交换关系，可以使用积分方程求解；如果想要得到流场中的速度、压强等物理量分布特征，则要使用微分方程求解。

3.5.1 流体力学分析过程

用微分形式的基本方程组求解实际的流体流动问题是流体力学分析的主要方法。通常包括以下几个步骤：

① 对实际流动问题，抓住主要矛盾，抽象出简单且正确的流体力学模型；

② 建立相应的数学模型，即微分方程组，检查封闭性，给定恰当的初始条件和边界条件；

③ 利用解析解法、数值解法或近似解法求解基本方程组；

④ 结合试验结果，对求解结果进行分析讨论，有时需要修改流体力学模型。

3.5.2 初始条件与边界条件

（1）初始条件

通常给出的**初始条件**是指 $t=t_0$ 时各未知量的函数分布，如

$$\boldsymbol{v}=\boldsymbol{v}(x, y, z, t_0)=\boldsymbol{v}_0(x, y, z)$$

$$p=p(x, y, z, t_0)=p_0(x, y, z)$$

$$T=T(x, y, z, t_0)=T_0(x, y, z)$$

显然，对于定常流动，不存在初始条件。

（2）边界条件

边界条件是指流体力学方程组在求解域的边界上流体物理量应满足的条件。

如：在水面上，在距离不大的范围内可认为大气压为常数；流体在固体壁面处不存在穿过固体壁面的速度分量；流体与外界无热传递的边界上，流体与边界之间无温差；对于黏性流体，流体在固体壁面上的速度与固体壁面的速度相同，流体与固体壁面既不分离也不相对滑动，即流动满足无滑移条件；对于理想化的无黏性流体，在固体壁面上法向速度连续，其他方向分量可以有相对速度。

对于液-固界面，假定在一直角坐标系中，固体壁面的轮廓方程为

$$F(x,\ y,\ z,\ t)=0$$

$\mathrm{d}t$ 时间后，壁面上的任一点 $P(x,\ y,\ z)$ 将运移到新的位置 $P'(x+\mathrm{d}x,\ y+\mathrm{d}y,\ z+\mathrm{d}z)$，$P'$ 也必然满足固体壁面的轮廓方程，即

$$F(x+\mathrm{d}x,\ y+\mathrm{d}y,\ z+\mathrm{d}z,\ t+\mathrm{d}t)=0$$

对上式泰勒展开并取一阶小量，有

$$\frac{\partial F}{\partial x}u_{\mathrm{s}}+\frac{\partial F}{\partial y}v_{\mathrm{s}}+\frac{\partial F}{\partial z}w_{\mathrm{s}}+\frac{\partial F}{\partial t}=0 \tag{3-34}$$

式中，u_{s}、v_{s}、w_{s} 为固体壁面运动速度 $\boldsymbol{v}_{\mathrm{s}}$ 的三个分量，设流体速度为 $\boldsymbol{v}$。

根据式（3-34）可得固体壁面的单位外法线 $\boldsymbol{n}$：

$$\boldsymbol{n}=\frac{\dfrac{\partial F}{\partial x}\boldsymbol{i}+\dfrac{\partial F}{\partial y}\boldsymbol{j}+\dfrac{\partial F}{\partial z}\boldsymbol{k}}{\sqrt{\left(\dfrac{\partial F}{\partial x}\right)^2+\left(\dfrac{\partial F}{\partial y}\right)^2+\left(\dfrac{\partial F}{\partial z}\right)^2}} \tag{3-35}$$

由此，式（3-34）变换为

$$\boldsymbol{v}_{\mathrm{s}}\cdot\boldsymbol{n}=-\frac{\dfrac{\partial F}{\partial t}}{\sqrt{\left(\dfrac{\partial F}{\partial x}\right)^2+\left(\dfrac{\partial F}{\partial y}\right)^2+\left(\dfrac{\partial F}{\partial z}\right)^2}} \tag{3-36}$$

对于无黏性流体，由于

$$\boldsymbol{v}\cdot\boldsymbol{n}=\boldsymbol{v}_{\mathrm{s}}\cdot\boldsymbol{n} \tag{3-37}$$

因此有

$$\boldsymbol{v}\cdot\boldsymbol{n}=-\frac{\dfrac{\partial F}{\partial t}}{\sqrt{\left(\dfrac{\partial F}{\partial x}\right)^2+\left(\dfrac{\partial F}{\partial y}\right)^2+\left(\dfrac{\partial F}{\partial z}\right)^2}} \tag{3-38}$$

利用式（3-35），上式转换为

$$\frac{\partial F}{\partial x}u+\frac{\partial F}{\partial y}v+\frac{\partial F}{\partial z}w+\frac{\partial F}{\partial t}=0 \tag{3-39}$$

根据随体导数定义，

$$\frac{\mathrm{D}F}{\mathrm{D}t}=0 \tag{3-40}$$

由于 P 点是任取的，因此上式适用于整个流固边界，是流体运动在固体壁面上法向速度连续的边界条件。

对于静止壁面，由于对时间偏导为0，则式（3-39）变为

$$\frac{\partial F}{\partial x}u+\frac{\partial F}{\partial y}v+\frac{\partial F}{\partial z}w=0 \tag{3-41}$$

即

$$\boldsymbol{v}\cdot\boldsymbol{n}=0 \tag{3-42}$$

【例3-2】 如图3.4所示，有一个半径为 R 的固定圆柱壳体中充满流体，流体不可压缩。壳体中有一个半径为 r 的圆柱体以速度 $u_s=2t$ 水平向右移动。t 时刻圆柱体位于 $x=x_0$ 处。分别针对无黏性流体和黏性流体给出流动在内外圆柱壁面上的边界条件。

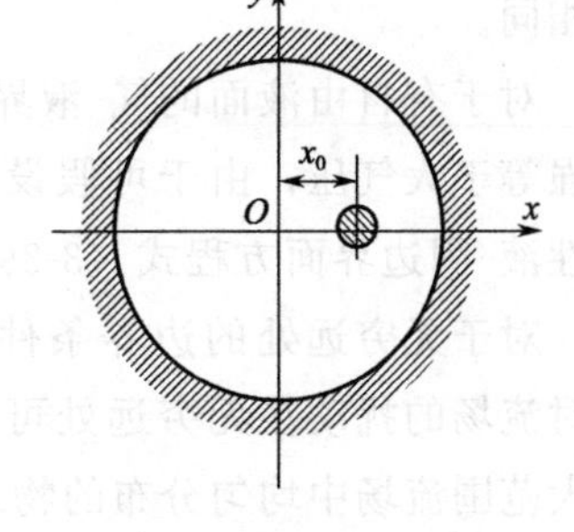

图3.4　【例3-2】示意图

解：

以固定圆柱壳体中心为原点建立直角坐标系，外圆柱壳体方程为

$$F=x^2+y^2-R^2=0$$

内圆柱方程为

$$F=(x-x_0)^2+y^2-r^2=0$$

① 对于无黏性流体流动，在内圆柱面上

$$\frac{\partial F}{\partial t}=-2(x-x_0)u_s=-4(x-x_0)t$$

$$\frac{\partial F}{\partial x}=2(x-x_0)$$

$$\frac{\partial F}{\partial y}=2y$$

$$\frac{\partial F}{\partial z}=0$$

代入式（3-39）得

$$(x-x_0)(u-2t)+yv=0$$

在外圆柱面上

$$\frac{\partial F}{\partial x}=2x$$

$$\frac{\partial F}{\partial y}=2y$$

代入式（3-41）得

$$ux+vy=0$$

② 对于黏性流动，在外圆柱面上

$$u=0, \ v=0$$

在内圆柱面上

$$u=u_s=2t, \ v=0$$

温度等其他边界条件略。

另外，对于不互溶的液体界面上，除密度不同外，速度、压强等其他物理量相同。

对于有自由液面的气-液界面的边界条件，在动力学方面，自由液面上液体压强等于大气压；由于可假设自由液面上无黏性，因此运动学边界条件满足无黏性液-固边界面方程式（3-39）。

对于无穷远处的边界条件，例如一个物体在较大范围内的流场中运动时，其对流场的扰动在无穷远处可以忽略不计，因此无穷远处的物理量即认为是该较大范围流场中均匀分布的物理量。

3.5.3 流体力学的理论模型

对于单相连续介质，可分为以下几种模型。

(1) 基于可压缩性

分为可压缩流体、不可压缩流体。

流体都是可压缩的，液体的可压缩性比较小，气体的可压缩性比较大。压缩性的影响取决于等温压缩系数以及流体中压强的变化。习惯上，常将速度低于110m/s的空气流动视为不可压缩的。在可压缩流动中，又以流体速度大于、接近、小于声速，将流动分为超声速流动、跨声速流动、亚声速流动，不同的流动性质在数学处理上就有很大的不同。

在实际问题分析时，为方便起见，有时会将流体的密度视为不变，即认为是不可压缩流体。由前面可知，这里所说的密度不变，实际上是指相对密度变化很小。但在水锤问题分析、水下爆炸分析时，液体必须被视为可压缩流体。

(2) 基于黏性

分为黏性流体、无黏性流体。

流体都是有黏性的，为研究方便，有时将流体视为无黏性。

根据 1.4.2 节中介绍的黏度系数定义

$$\tau = \frac{F}{S} = \mu \frac{\mathrm{d}u}{\mathrm{d}y}$$

可知，黏性应力等于黏度系数和速度梯度的乘积。因此，是否视为无黏性流体，不能仅看黏度系数的大小，还取决于速度梯度。例如，黏度系数很小的流体，如果速度梯度非常大，也要视为黏性流体；相反，黏度系数很大的流体，如果速度梯度很小，也可认为是无黏性流体。根据边界层理论，远离边界的区域中，由于速度梯度相对较小，流体可视为无黏性；而在边界层中，由于速度梯度大，黏性效应不能忽略。

(3) 基于随时间的变化性

分为定常流动、非定常流动。

随时间变化的流动为**非定常流动**，除非其随时间变化极慢，否则必须考虑非定常效应，即对时间 t 的偏导不为 0。

流体中任一点的压强、速度和密度等物理量都不随时间变化则称为**定常流动**。非定常流动有时可以转变为定常流动，例如物体在水面上做等速运动，在岸上看是非定常的，而在等速运动的物体上看却是定常的。

(4) 基于是否有旋

分为有旋流动、无旋流动。

流体质点存在旋转运动的流动称为有旋流动，在自然界中是普遍存在的。表征有旋流动的物理量为涡量，即速度的旋度，其数值大小是流体微团转动角速度的 2 倍。涡量高度集中的区域就是涡，涡也具有普遍存在性。

流场中各流体质点无旋转的流动即为无旋流动，无旋流动在自然界中是很难见到的，但有时可以假设为无旋流动，此时有速度势存在。

关于涡旋运动请见第 5 章。

(5) 基于重力的影响程度

分为重力流体、非重力流体。

重力的作用通常是需要加以考虑的，尤其是低速运动的流体；在高速运动中，惯性力比重力大得多，重力可以被忽略掉。

(6) 基于流动的维度

分为一维流动、二维流动、三维流动。

除可取决于时间以外，当所有流动参数仅取决于一个位置坐标的流动称为**一维流动**。沿管道的流动如果假定管道截面上流动参数均匀分布或者按照截面计算平均流动参数，此时才可视为一维流动，否则就不是一维流动。流体在细管中的流动近似为一维流动。

当所有流动参数仅取决于两个位置坐标的流动称为**二维流动**。对于一维波动、平面物体绕流等平面流动，以及子弹等轴对称物体沿轴线方向的轴对称流动，均为二维流动。需要注意的是，并非只有两个速度分量的流动就认定为是二维流动，速度表达式中还应仅取决于这两个分量对应的位置坐标。例如，以下为二维流动：

$$u=3x;\ v=4yt$$
$$v=5z+t;\ w=2y$$

以下则不是二维流动：

$$u=3x;\ v=4yt+z$$
$$v=5z+t;\ w=2x$$

所有流动参数取决于三个位置坐标的流动称为**三维流动**，流动通常较为复杂，有时简化为二维流动进行分析。

考虑到热量参数，流动又有绝热流动和等熵流动等。如果一个流动系统中没有热量输入或者生成，其内部也没有热传导发生，这样的流动即为绝热流动。严格的绝热流动是几乎不可能实现的。如果在一个流动系统中，每个流体质点的熵在运动过程中保持不变，则称为等熵流动。

3.1 一等截面细直管中，有一段长度为 $2L$ 的无黏性不可压缩流体，流体与空气接触处的压强均为大气压 p_a，流体的受力方向始终指向一点，所受力的大小与各质点到该点的距离成正比，求此流体的运动规律。

3.2 试建立柱坐标系下微元六面体的流体质量连续性方程。

3.3 试建立柱坐标系下微元六面体的流体运动方程。

3.4 一个内径为 d 的圆形水管在上方给直径为 D、高为 h 的水桶以水流速度 v 供水，利用质量连续性方程求灌满水桶所需的时间。

3.5 黏性不可压缩流体在半径为 R 的圆管中流动，若进口速度为均匀的 v_0，流动一段距离后，管内速度分布变为从管壁的零速度以方程 $v=v_m\left[1-\left(\frac{r}{R}\right)^2\right]$（式中，$r$ 为管中任一点距管轴的径向距离）增加到管轴处的最大速度 v_m，求 v_m的表达式。

3.6 对于二维定常不可压缩流动，已知 $u=e^x\cos y$，求速度的 y 分量 v，假设 $y=0$ 时 $v=0$。

3.7　已知不可压缩流体的运动速度中，$u=3x+y$，$v=5y^2+z$，求 w。

3.8　下述流动分别是几维流动？① $u=3xt$；② $u=2y$；③ $u=3x$，$v=2y$；④ $u=xt$，$v=zx^2$；⑤ $u=xy$，$w=yz$。

第4章 无黏性流体的一维流动

- 一维流动及实例分析
- 伯努利方程
- 运动方程的简化及其应用

本章通过最简单的流动了解流体力学基本方程的建立和应用。

4.1 一维流动及实例分析

前面提到，当所有流动参数仅取决于一个位置坐标的流动称为一维流动，如果与时间无关，称为**一维定常流动**，否则称为**一维非定常流动**。实际上，严格意义上的一维流动在自然界和工程中是几乎不存在的。但是，如果取流线作为坐标轴，沿一条流线或者沿微元流束中心流线的流动就可以被认为是一维流动。再如沿平面或空间辐射状流线的对称流动等。

沿管道或槽道中的流动如果假定截面流动参数均匀分布或者按截面平均值作为流动参数时，可以看作是一维流动，通常称为**准一维流动**，但需要满足下列条件：

① 沿流动方向过流截面面积变化小且连续；

② 轴线弯度很小，其曲率半径远大于过流截面的半径（或等效半径）；

③ 需要研究的管道或槽道长度远大于过流截面的直径（或等效直径）。

采用一维流动模型或者准一维流动模型可以解决工程上的一些复杂流动问题，通过初步确定流动的几何形状，进而再利用二维或三维流动的理论与方法对流场做进一步的详细分析，以便最终得到更精确的结果。

下面分析一种沿弯曲变截面细管中的流动，假设沿管截面上的流动物理量均匀分布，建立其质量连续性方程。

设采用流动方向上的管轴坐标 s，管道截面面积为 A，管轴方向上的流体流动速度为 v，流体的密度为 ρ。

根据已知分析可知各物理量的影响因素，由此确定 $A(s)$、$v(s, t)$、$\rho(s, t)$。

取一段管段 $\mathrm{d}s$ 作为控制体，控制体体积则为 $\mathrm{d}\tau = A\mathrm{d}s$。

在 t 时刻，Δt 时间内，控制体左侧流入的流体质量为

$$\rho A v \Delta t$$

右侧流出的流体质量为

$$\rho A v \Delta t + \frac{\partial}{\partial s}(\rho A v \Delta t)\mathrm{d}s$$

则左右两侧净流出的流体质量为

$$\frac{\partial}{\partial s}(\rho A v)\Delta t\,\mathrm{d}s$$

t 时刻控制体内流体质量为

$$\rho A\,\mathrm{d}s$$

Δt 时间后，控制体内流体质量变为

$$\rho A\,\mathrm{d}s+\frac{\partial}{\partial t}(\rho A\,\mathrm{d}s)\Delta t$$

则控制体内流体质量减少量为

$$-A\,\frac{\partial \rho}{\partial t}\Delta t\,\mathrm{d}s$$

上式应与左右两侧净流出的流体质量相等，因此有

$$-A\,\frac{\partial \rho}{\partial t}\Delta t\,\mathrm{d}s=\frac{\partial}{\partial s}(\rho A v)\Delta t\,\mathrm{d}s$$

整理得

$$A\,\frac{\partial \rho}{\partial t}+\frac{\partial}{\partial s}(\rho A v)=0$$

上式即为所求的质量连续性方程。

这里讨论几种特殊情况：

① 对于不可压缩流体的一维定常流动，由于密度 ρ 为常量，则有

$$\frac{\partial}{\partial s}(Av)=0，\text{或体积流量 } Av=\text{常量(沿管轴)}；$$

② 对于可压缩流体的一维定常流动，由于对 t 偏导为 0，因此

$$\frac{\partial}{\partial s}(\rho A v)=0，\text{或质量流量 } \rho A v=\text{常量(沿管轴)}；$$

③ 管道为等截面时，则为沿流线的一维流动连续性方程

$$\frac{\partial \rho}{\partial t}+\frac{\partial}{\partial s}(\rho v)=0$$

另外，当管道弯曲曲率半径较小时，应当考虑在垂直于轴线方向上产生的流体速度和压强的变化对流动造成的影响。

针对无黏性不可压缩流体的平面定常流动，满足以下关系式

$$\frac{\partial}{\partial r}(p+\rho g z)=\frac{\rho v^2}{r}$$

如果平面流动位于水平面内，或者在可以忽略重力影响的前提下，该式为

$$\frac{\mathrm{d}p}{\mathrm{d}r}=\frac{\rho v^2}{r}$$

可见，弯道过流截面上 r 方向的压强梯度是由流动过程的离心力产生的，带来的结果是弯道外侧压强大于内侧压强，由此形成了在管道的过流截面上从外侧向内侧的二次流，造成弯道中的流动具有 r 方向的速度，二次流与沿轴线的主流形成了复杂的螺旋流动，产生局部流动能量损耗。显然，如果管道弯曲曲率半径足够大时，流动速度的影响可以忽略不计，则认为沿半径不产生压强梯度。

4.2　伯努利方程

4.2.1　无黏性流体一维定常流动的运动方程

利用前面采用过的微元分析法，在定常流场中取一微元流管，取其上长为 $\mathrm{d}l$ 的微元管段作为控制体（如图 4.1 所示），微元管段的轴心线与垂直轴成 α 角。忽略流管的曲率，控制体近似为圆台形状。

设控制体上游的横截面积为 A，横截面上的压强为 p，上游截面流速为 v，单位时间流入控制体的动量为 $\rho A v^2$；下游横截面积为 $A+\mathrm{d}A$，压强为 $p+\mathrm{d}p$，下游截面流速为 $v+\mathrm{d}v$，单位时间流出控制体的动量为 $\rho A v(v+\mathrm{d}v)$；侧面压强看作是上下游压强的均值，即 $p+\frac{1}{2}\mathrm{d}p$。

设质量力只有重力，显然，控制体内流体的重力在流动方向的投影为 $-\rho g A\,\mathrm{d}l\cos\alpha$，即 $-\rho g A\,\mathrm{d}z$，其中 z 为垂直轴坐标。

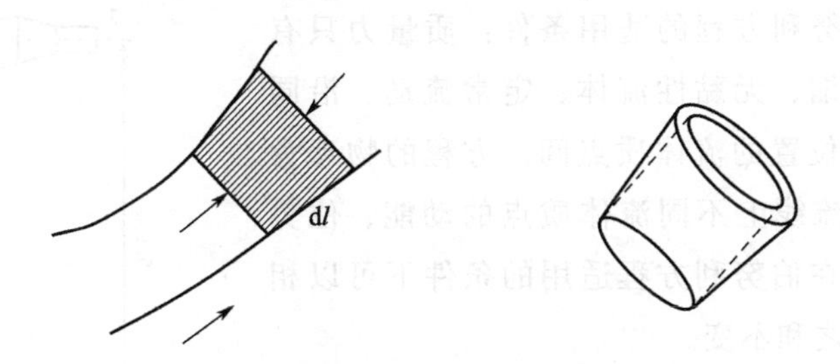

图 4.1　微元分析法建立伯努利方程

由于设为无黏性流体，管壁摩擦不计，因此控制体在流动方向上的运动方程建立如下：

$$pA-(p+\mathrm{d}p)(A+\mathrm{d}A)+\left(p+\frac{1}{2}\mathrm{d}p\right)\mathrm{d}A-\rho gA\,\mathrm{d}z=\rho Av(v+\mathrm{d}v)-\rho Av^2$$

不计高阶无穷小量后简化为

$$\rho v\,\mathrm{d}v+\rho g\,\mathrm{d}z+\mathrm{d}p=0 \tag{4-1}$$

即质量力只有重力的条件下微分形式的无黏性流体一维定常流动的运动方程，也称为一维流动的欧拉运动方程。

由于微元流管的极限为流线，因此式（4-1）对任一流线成立。

4.2.2 伯努利方程

对式（4-1）沿流线进行积分，得

$$\frac{v^2}{2}+gz+\int\frac{\mathrm{d}p}{\rho}=c'(\text{常数}) \tag{4-2}$$

上式即为**伯努利积分**。

对于不可压缩流体，$\rho=$常数，式（4-2）可简化为

$$\frac{v^2}{2}+gz+\frac{p}{\rho}=c(\text{常数}) \tag{4-3}$$

式中，左侧三项分别代表单位质量流体的动能、位势能、压强势能。除以 g 可将上式改写为

$$\frac{v^2}{2g}+z+\frac{p}{\rho g}=H \tag{4-4}$$

即**伯努利方程**，式中，左侧三项分别代表单位重量流体的动能、位势能、压强势能，且均为长度量纲，分别对应速度水头、位置水头、压强水头；右侧 H 为总水头。

可见，伯努利方程的适用条件：质量力只有重力、不可压缩、无黏性流体、定常流动、沿同一流线在不同位置的流体质点间。方程的物理意义：沿着同一流线上不同流体质点的动能、位势能和压强势能在伯努利方程适用的条件下可以相互转变，三者之和不变。

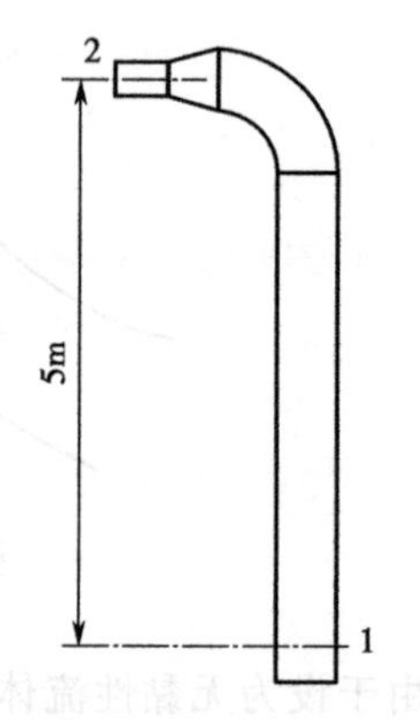

图 4.2 【例 4-1】示意图

【例 4-1】 如图 4.2 所示，一直径为 20mm 的垂直圆管，在其顶端接有一直径为 10mm 的喷嘴，喷嘴中心离圆管截面 1 的高度为 5m，喷嘴排出水流的速度为 16m/s，摩擦损失忽略不计，截面 1

所需的表压是多少？

解：

取喷嘴出口为截面 2，根据质量连续性方程，有

$$A_1 v_1 = A_2 v_2$$

因此有 $v_1 = 4\text{m/s}$。

建立 1、2 两截面的伯努利方程

$$\frac{v_1^2}{2g} + z_1 + \frac{p_1}{\rho g} = \frac{v_2^2}{2g} + z_2 + \frac{p_2}{\rho g}$$

又

$$p_2 = p_a, \quad z_2 - z_1 = 5(\text{m})$$

所以

$$\frac{4^2}{2 \times 9.8} + \frac{p_1}{1000 \times 9.8} = \frac{16^2}{2 \times 9.8} + 5 + \frac{p_a}{1000 \times 9.8}$$

解得表压

$$p_1 - p_a = 1.69 \times 10^5 (\text{Pa})$$

4.2.3 伯努利方程的应用

正如前面强调的，伯努利方程是沿一条流线成立的，因此对于无黏性不可压缩二维或三维定常流动，都可以沿流线应用伯努利方程。另外，对于同一流动，如果所有流线起始点处具有相同的 p、v、z 值，或者对于从均匀流动区域出发或经过的无黏性不可压缩流体的无旋流动，无论维数多少，对不同的流线都具有相同的伯努利常数，因此，即使不选择流线，只要在流场中任选两个不同的点，都可应用伯努利方程。

【例 4-2】 分析皮托（Pitot）管测速原理（如图 4.3 所示）。

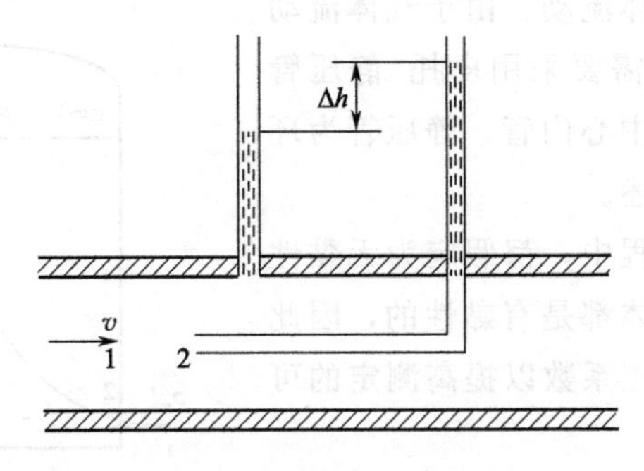

图 4.3　【例 4-2】示意图

解：

皮托管测速是通过测定压强值，然后基于伯努利方程求解来获得的。

在一个水平放置的管道中有液体定常流过，在一过流截面的管道壁面处开孔并垂直接入一个测压管，在相距不远处的另一个过流截面处插入一根两端开口的直角形测速管（即皮托管），皮托管一端开口正对来流方向，图中1、2两点在同一水平流线上，由于2点处速度为0，因此通过1、2两点建立伯努利方程

$$\frac{v_1^2}{2g}+z_1+\frac{p_1}{\rho g}=\frac{v_2^2}{2g}+z_2+\frac{p_2}{\rho g}$$

2为滞止点，因而

$$v_2=0$$

又由于1、2水平，有

$$z_1=z_2$$

因此

$$v_1=\sqrt{\frac{2}{\rho}(p_2-p_1)}=\sqrt{\frac{2\Delta p}{\rho}} \tag{4-5}$$

测压管和测速管的垂直管段中会有一个静液面高度，分别与1、2各点的压强相对应。设两个静液面的高度分别为 h_1 和 h_2，则

$$p_1=\rho g h_1$$

$$p_2=\rho g h_2$$

$$\Delta p=\rho g \Delta h$$

代入式（4-5），得

$$v_1=\sqrt{2g\Delta h}$$

式中，Δh 为速度水头，即 $\frac{v_1^2}{2g}$。

如果测速的是气体流动，由于气体流动没有自由表面，因而需要采用皮托-静压管进行测定，皮托管为中心内管，静压管为环形套管。这里不再赘述。

上述测速分析过程中，都假定为无黏性流体，而在实际中流体都是有黏性的，因此通常需要附加一个修正系数以提高测定的可靠性。

【例 4-3】 如图4.4所示，求一容器底部小孔定常出流速度，容器中液面上部气压

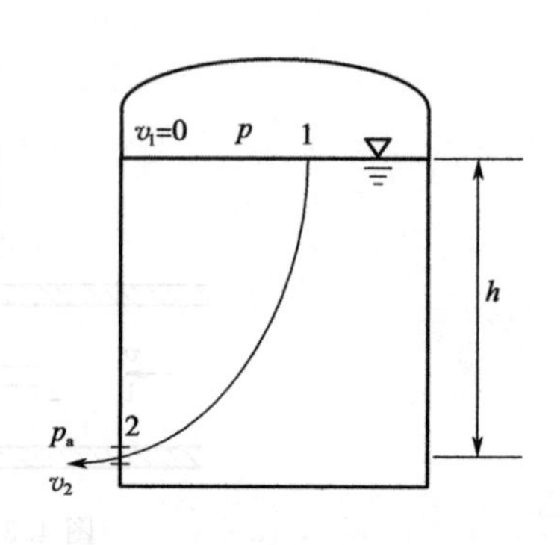

图 4.4 【例 4-3】示意图

为 p，小孔距离液面高度差为 h，出流直接与大气连通，大气压为 p_a。

解：

液体在容器底部排出过程中，如果没有新的液体补充进容器，则流动本身是非定常的。不过，如果液体有补充，或者容器横截面积远大于出流小孔的出流截面积时，可近似看作是定常流动。

在容器顶部液面上的流体都具有相同的 p、$v(v_1=0)$、$z(z=h)$ 值，因此在液面上任取一点1，与出流小孔中的点2连线，这条线上满足伯努利方程，建立如下

$$0+h+\frac{p}{\rho g}=\frac{v_2^2}{2g}+0+\frac{p_a}{\rho g}$$

求得

$$v_2=\sqrt{\frac{2}{\rho}(p-p_a)+2gh}$$

当容器顶部敞口与大气相通时，$p=p_a$，因此有

$$v_2=\sqrt{2gh}$$

4.2.4　伯努利方程的推广应用

（1）沿程有分流/汇流的情况

图4.5为流动过程中有分流/汇流的一维流动情况。

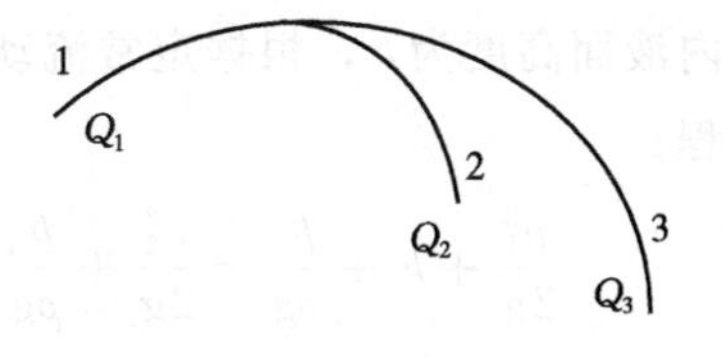

图4.5　一维分流/汇流流动

根据质量连续，假定各路体积流量分别为 Q_1、Q_2、Q_3，则

$$Q_1=Q_2+Q_3$$

分别沿图4.5中的 $\overset{\frown}{12}$ 和 $\overset{\frown}{13}$ 流线列伯努利方程，有

$$\frac{v_1^2}{2g}+z_1+\frac{p_1}{\rho g}=\frac{v_2^2}{2g}+z_2+\frac{p_2}{\rho g}$$

$$\frac{v_1^2}{2g}+z_1+\frac{p_1}{\rho g}=\frac{v_3^2}{2g}+z_3+\frac{p_3}{\rho g}$$

进而可得

$$\rho g\,Q_1\left(\frac{v_1^2}{2g}+z_1+\frac{p_1}{\rho g}\right)=\rho g\,Q_2\left(\frac{v_2^2}{2g}+z_2+\frac{p_2}{\rho g}\right)+\rho g\,Q_3\left(\frac{v_3^2}{2g}+z_3+\frac{p_3}{\rho g}\right)$$

上式反映总机械能守恒。

(2) 沿程有能量输入/输出的情况

当管道中流体流经一个流体机械装置时，则伯努利方程变为

$$\frac{v_1^2}{2g}+z_1+\frac{p_1}{\rho g}\pm H=\frac{v_2^2}{2g}+z_2+\frac{p_2}{\rho g}$$

式中，H 为单位重量流体与流体机械之间的能量交换，流经工作机械（如泵、风机、压缩机等）时，H 前取加号；流经水轮机、液压马达等原动机时，H 前取减号。

(3) 一维准定常流动

在对【例 4-3】做分析时是按照容器内自由液面恒定基于定常流动来考虑的，而实际上，这种小孔出流的流动是非定常的，只是当小孔过流截面积 A_2 远小于容器横截面积 A_1 时，自由液面下降速度非常小，因此可以把整个非定常流动的出流过程分割为多个 dt 的小的时段，在每个 dt 小时段内的流动按照定常来进行处理。这种情况称作准定常流动。

如图 4.6 所示为一准定常的小孔出流，假定为敞口容器，小孔出流与大气相通，容器横截面积为 $A_1(h)$，小孔出流前，容器液面高度为 h_0，设流动过程为无黏性不可压缩一维流动。小孔出流时，在 t 时刻容器内液面高度为 h，根据定常流动的伯努利方程

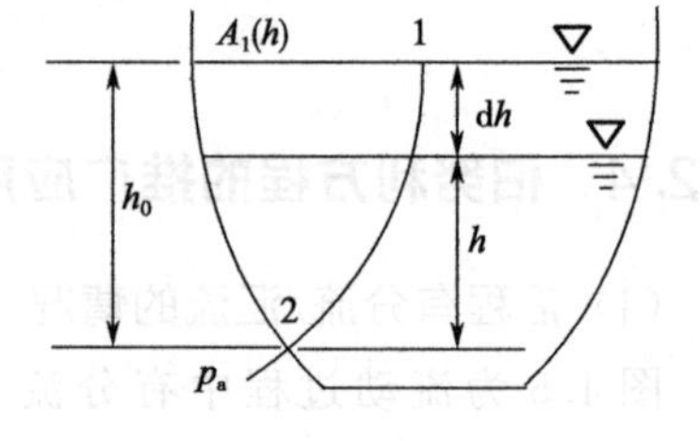

图 4.6 准定常小孔出流

$$\frac{v_1^2}{2g}+h+\frac{p_a}{\rho g}=\frac{v_2^2}{2g}+\frac{p_a}{\rho g}$$

根据质量连续方程，有

$$A_1v_1=A_2v_2$$

得

$$v_2=\frac{\sqrt{2gh}}{\sqrt{1-\left(\dfrac{A_2}{A_1}\right)^2}}$$

由于 $A_2\ll A_1$，因此 t 时刻瞬时出流速度为 $\sqrt{2gh}$。

在 dt 小时段内，小孔出流体积为

$$\mathrm{d}V=A_2\,v_2\,\mathrm{d}t=A_2\sqrt{2gh}\,\mathrm{d}t$$

同时，容器内的液面下降了 $-\mathrm{d}h$，基于质量连续，有

$$-A_1(h)\mathrm{d}h=A_2\sqrt{2gh}\,\mathrm{d}t$$

$$dt = \frac{-A_1(h)dh}{A_2\sqrt{2gh}} \tag{4-6}$$

式（4-6）即小孔准定常出流时容器内液面变化与出流时间变化之间的关系，如果已知 $A_1(h)$，上式即可通过积分求解。若 A_1 为常量，容器液面下降所需时间

$$t = \int_0^t dt = \int_{h_0}^h \frac{-A_1 dh}{A_2\sqrt{2gh}} = \frac{A_1}{A_2}\sqrt{\frac{2}{g}}(\sqrt{h_0} - \sqrt{h}) \tag{4-7}$$

当 $h=0$ 时，容器完全排空，所需时间为

$$\frac{A_1}{A_2}\sqrt{\frac{2h_0}{g}} \tag{4-8}$$

由于初始时刻的小孔出流流量为 $Q_0 = A_2\sqrt{2gh_0}$，容器内液体总容量为 $A_1 h_0$。如果从初始时刻开始始终是小孔定常流出，所需时间为

$$\frac{A_1}{A_2}\sqrt{\frac{h_0}{2g}} = \frac{1}{2}\frac{A_1}{A_2}\sqrt{\frac{2h_0}{g}} \tag{4-9}$$

式（4-9）与式（4-8）相比较，可以看出，准定常流动过程排空容器内液体所需时间是定常流动所需时间的 2 倍。

（4）沿程有能量损失的情况

把沿程有能量损失并与外界有能量交换的情况都考虑在内，伯努利方程为如下形式：

$$a_1\frac{v_1^2}{2g} + z_1 + \frac{p_1}{\rho g} \pm H = a_2\frac{v_2^2}{2g} + z_2 + \frac{p_2}{\rho g} + h_{w_{1-2}} \tag{4-10}$$

式（4-10）即为有黏性效应的一维管流的机械能守恒方程，通常称为黏性总流的伯努利方程。式中，a_1、a_2 为动能修正系数，通常取 1；$h_{w_{1-2}}$ 为从过流截面 1 到过流截面 2 之间单位重量流体的能量损失，包括沿程阻力损失、局部阻力损失等。

伯努利方程还可进一步推广到非定常流动、非惯性系流动等，本书略。

4.3 运动方程的简化及其应用

4.3.1 运动方程的简化

在第 3 章中已经介绍了流体运动方程的积分形式，由式（3-20）和式（3-

22）可知

$$\frac{\partial}{\partial t}\int_{\tau}\rho \boldsymbol{v}\,\mathrm{d}\tau+\oint_{A}\rho \boldsymbol{v}(\boldsymbol{v}\cdot\boldsymbol{n})\mathrm{d}A=\boldsymbol{F}_{\Sigma}$$

对于定常流动，则简化为

$$\oint_{A}\rho \boldsymbol{v}(\boldsymbol{v}\cdot\boldsymbol{n})\mathrm{d}A=\boldsymbol{F}_{\Sigma}$$

对于定常流动，所选择的控制面中如果只有一个面A_1流入和一个面A_2流出，上式变为

$$\int_{A1}\rho_1 \boldsymbol{v}_1(\boldsymbol{v}_1\cdot\boldsymbol{n}_1)\mathrm{d}A+\int_{A2}\rho_2 \boldsymbol{v}_2(\boldsymbol{v}_2\cdot\boldsymbol{n}_2)\mathrm{d}A=\boldsymbol{F}_{\Sigma}$$

如果在此基础上，进一步简化，认为各截面物理量均匀或者按照截面平均值计算，则

$$\boldsymbol{Q}_{m2}\boldsymbol{v}_2-\boldsymbol{Q}_{m1}\boldsymbol{v}_1=\boldsymbol{F}_{\Sigma} \tag{4-11}$$

当1、2之间没有质量增减时

$$\boldsymbol{Q}_{m1}=\boldsymbol{Q}_{m2}=\boldsymbol{Q}_{m}$$

式（4-11）变为

$$\boldsymbol{Q}_{m}(\boldsymbol{v}_2-\boldsymbol{v}_1)=\boldsymbol{F}_{\Sigma} \tag{4-12}$$

写成分量形式为

$$\begin{cases}Q_m(u_2-u_1)=F_{\Sigma x}\\ Q_m(v_2-v_1)=F_{\Sigma y}\\ Q_m(w_2-w_1)=F_{\Sigma z}\end{cases} \tag{4-13}$$

4.3.2 简化运动方程的应用

【例 4-4】 如图 4.7 所示，相对密度为 0.89 的油水混合介质以 $v_1=10\mathrm{m/s}$ 的速度和直径为 3cm 的水柱水平射向直立的平板，求支撑平板所需的力 F 的大小。

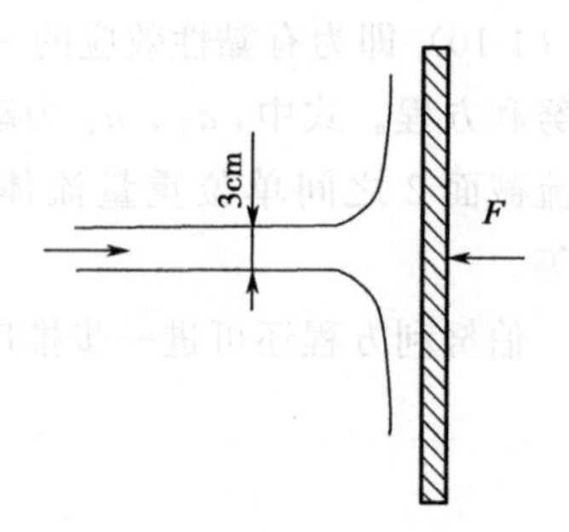

图 4.7 【例 4-4】示意图

解：

建立以水平方向为 x 轴的直角坐标系，选平板和液体轮廓线为控制体，则 x 方向的动量方程为

$$\rho Q(v_2-v_1)=-F$$

$$0.89\times1000\times\left(10\times\frac{\pi\times0.03^2}{4}\right)\times(0-10)=-F$$

求得

$$F=62.88(\mathrm{N})$$

4.1 水沿着渐扩管垂直向下流动，已知数据如图所示，如不计摩擦损失，求其流量大小。

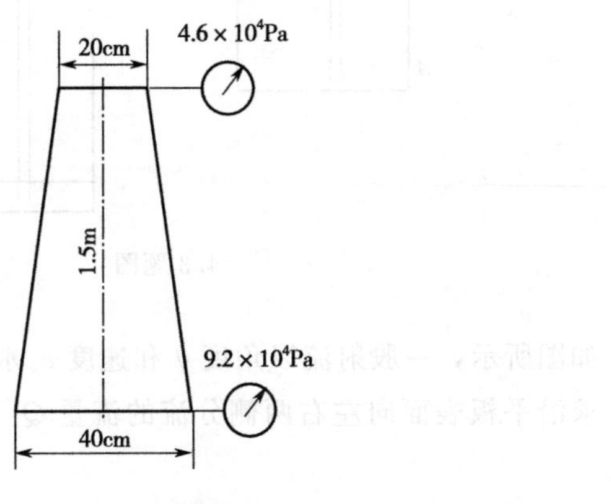

4.1 题图

4.2 如图所示，离心泵从一敞口水箱中抽水，泵进口管内径为100mm，泵流量为$120\mathrm{m}^3/\mathrm{h}$，设泵进口接头上的真空压力计示数为50000Pa，如不计摩擦损失，求泵的抽水高度h（泵进口至水箱液面的垂直高度）。

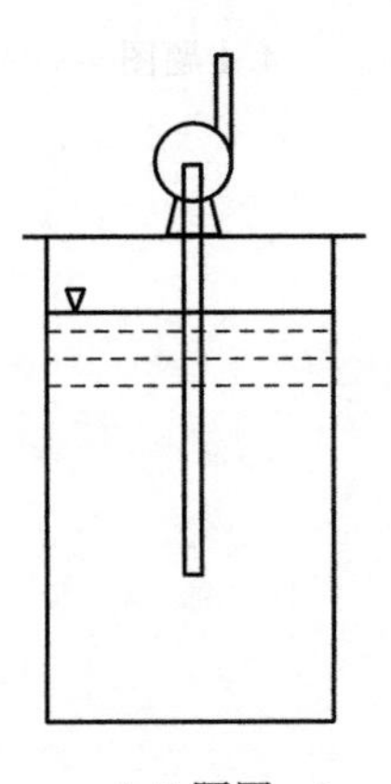

4.2 题图

4.3 如图所示，两个大小相同的圆柱形容器，直径均为 D，高处的容器 A 内充满液体，低处的容器 B 内无液体，用一根直径为 d 的虹吸管将 A 中的部分液体引出到 B 中，虹吸管插入 A 内的液下深度为 h_0，虹吸管的进口端距出口端垂直高度差为 z，设虹吸管内为一维连续流动，忽略一切损失，求吸完 A 内液体所需时间 t。

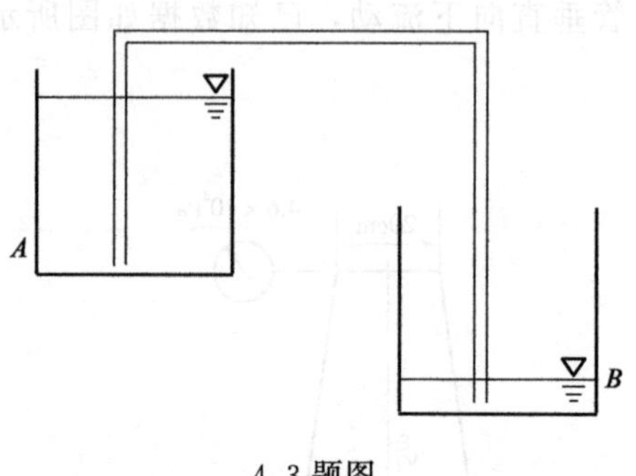

4.3 题图

4.4 如图所示，一股射流以角度 θ 和速度 v_0 水平射到光滑平板上，体积流量为 Q_0，求沿平板表面向左右两侧分流的流量 Q_1 和 Q_2，以及流体对平板表面的作用力。

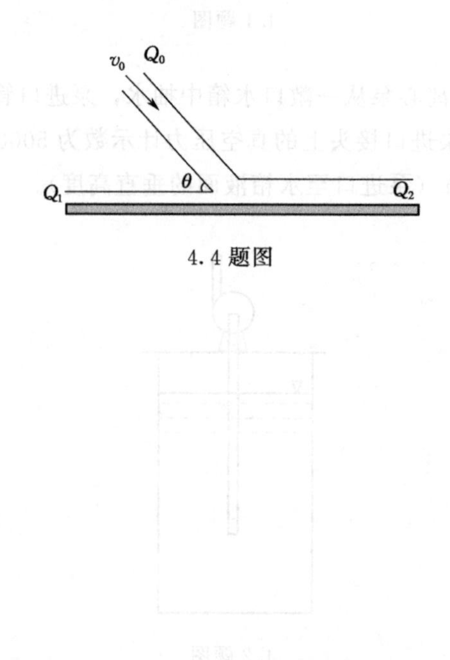

4.4 题图

第5章 涡旋运动与势流流动

- 涡旋运动现象与基本概念
- 卡门涡街与兰金组合涡
- 势函数与流函数

5.1 涡旋运动现象与基本概念

在自然界中普遍存在着各种涡旋运动，由于其特殊的运动性质，人们对其认知在早期十分模糊，还有一些神秘感。

涡旋往往与危险、破坏等概念联系在一起，如台风、龙卷风、深海的涡流、百慕大三角区的神秘涡旋，无不给人们带来恐惧。但与此同时，涡旋在许多方面是可以用来为人类服务的，如利用三角翼的涡旋提升机翼的升力，利用涡旋改善掺混效果、加快化学反应速度、提高燃烧效率和热交换效率等。

可见，涡旋运动利害并存，需要人们不断努力，通过研究和实践，掌握其规律，为人类服务。早在公元前 251 年，由李冰主持建造的都江堰灌溉工程，就利用涡流运动现象实现了“正面取水，侧面排沙”的目标。

5.1.1 涡旋运动现象

涡旋运动有很多种形式，如图 5.1 所示。

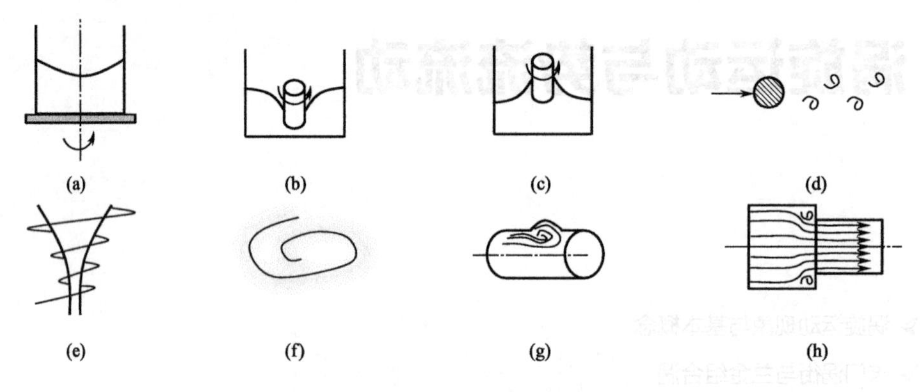

图 5.1 涡旋运动的几种主要形式

图 5.1 中，图（a）是容器中的液体随容器一起匀速绕轴旋转而形成的涡流，液体的运动似刚体运动，各质点运动速度与其半径位置成正比；图（b）是在水中插入一根竖直旋转的圆柱而形成的涡流，自由面呈抛物面形状；图（c）是在面浆中插入一根竖直旋转的圆柱而形成的涡流，面浆出现顺着圆柱向上“爬”的现象，即非牛顿流体的爬杆效应；图（d）是流体以一定的速度绕过圆柱，圆柱后出现的两列交替排列的涡，即卡门涡街，可以利用来测量流体流量，有时在生产和生活实践中也会造成共振破坏现象；图（e）是一种圆柱涡，对于旋风来说，直径 10m 左右，而高度可达 1000m，破坏性强，但利用其原理的旋

流或旋风装置可以实现不互溶多相介质的快速分离；图（f）是碟状涡，在海洋和大气层中有很多这种涡流，形状与圆柱涡恰恰相反，其直径可达 1000km，高度 10km 左右；图（g）是人体主动脉窦内血液在主动脉瓣开启时形成的涡流，也正是这个涡的作用使得主动脉瓣在射血结束时得以关闭；图（h）是管道中截面面积突变处形成的涡流，也是造成管道流动局部阻力损失的主要原因。

从涡流的尺度上来看，涡旋星系大到几十万光年，台风和温带气旋可达几百到几千千米，飞机尾涡为几十米，液氮Ⅱ量子涡只有几纳米。

5.1.2 基本概念

在日常生活中，人们常常把绕某一点的旋转流动称作是涡旋，即通过流体质点运动的迹线来判断，但这是错误的。针对下面两种流动我们来进行分析。

① 流体运动速度分量分别是 $u=cy$，$v=0$，$w=0$，通过第 1 章我们学到的速度梯度张量计算得到变形张量和旋转张量分别是：

$$\boldsymbol{E}=\begin{bmatrix} 0 & \frac{c}{2} & 0 \\ \frac{c}{2} & 0 & 0 \\ 0 & 0 & 0 \end{bmatrix}, \boldsymbol{A}=\begin{bmatrix} 0 & \frac{c}{2} & 0 \\ -\frac{c}{2} & 0 & 0 \\ 0 & 0 & 0 \end{bmatrix}$$

可见，宏观上该流动为直线运动，而在微观上流体是存在旋转的，为有旋流动。

② 流体运动速度分量分别是 $u=-\dfrac{cy}{x^2+y^2}$，$v=\dfrac{cx}{x^2+y^2}$，$w=0$；或者利用柱坐标表达为 $v_r=0$，$v_\theta=\dfrac{c}{r}$，$v_z=0$，通过计算得到变形张量和旋转张量分别是：

$$\boldsymbol{E}=\begin{bmatrix} \frac{2cxy}{(x^2+y^2)^2} & \frac{c(y^2-x^2)}{(x^2+y^2)^2} & 0 \\ \frac{c(y^2-x^2)}{(x^2+y^2)^2} & -\frac{2cxy}{(x^2+y^2)^2} & 0 \\ 0 & 0 & 0 \end{bmatrix}, \boldsymbol{A}=\begin{bmatrix} 0 & 0 & 0 \\ 0 & 0 & 0 \\ 0 & 0 & 0 \end{bmatrix}$$

可见，宏观上该流动为旋转运动，而在微观上流体是无旋的。以上两个例子形成了鲜明的对比。

对于宏观上呈旋转运动、微观也是有旋的流体流动，形成的涡旋称作强制涡；而宏观上呈旋转运动、微观上无旋的流体流动，这种涡旋称作自由涡。

前面曾提到，**涡量**是指流体速度的旋度，记作 $\boldsymbol{\omega}$，即

$$\boldsymbol{\omega}=\mathrm{rot}\boldsymbol{v}=\nabla\times\boldsymbol{v}=\begin{vmatrix}\boldsymbol{i} & \boldsymbol{j} & \boldsymbol{k}\\ \dfrac{\partial}{\partial x} & \dfrac{\partial}{\partial y} & \dfrac{\partial}{\partial z}\\ u & v & w\end{vmatrix}$$

$$=\left(\frac{\partial w}{\partial y}-\frac{\partial v}{\partial z}\right)\boldsymbol{i}+\left(\frac{\partial u}{\partial z}-\frac{\partial w}{\partial x}\right)\boldsymbol{j}+\left(\frac{\partial v}{\partial x}-\frac{\partial u}{\partial y}\right)\boldsymbol{k}$$

$$=\omega_x\boldsymbol{i}+\omega_y\boldsymbol{j}+\omega_z\boldsymbol{k} \tag{5-1}$$

当流场某一区域中 $\boldsymbol{\omega}\neq 0$，则称为这一区域的流动**有旋**，即为涡旋运动，否则为**无旋**。

5.1.3 涡量场

和流场中不同点处的速度分布构成速度场是类似的，流场中各位置处的涡量构成的矢量场称为涡量场。

(1) 涡线、涡面、涡管

对于同一时刻质点线上任一点的切线方向与该点流体涡量方向一致，这条曲线称为**涡线**。涡线上的微元矢量如果用 $\mathrm{d}\boldsymbol{l}$ 表示，则涡线的方程如下

$$\boldsymbol{\omega}\times\mathrm{d}\boldsymbol{l}=0 \tag{5-2}$$

对应直角坐标系表示为

$$\frac{\mathrm{d}x}{\omega_x}=\frac{\mathrm{d}y}{\omega_y}=\frac{\mathrm{d}z}{\omega_z} \tag{5-3}$$

在流场中任取一条非涡线的曲线，在同一时刻过该曲线上每一点作涡线，构成了一个曲面，称为**涡面**。

在涡流场中取一个非涡线的封闭曲线，在同一时刻过该曲线上每一点作涡线，就形成了一个管状的曲面，称为**涡管**。

涡线、涡面、涡管分别如图 5.2 所示。

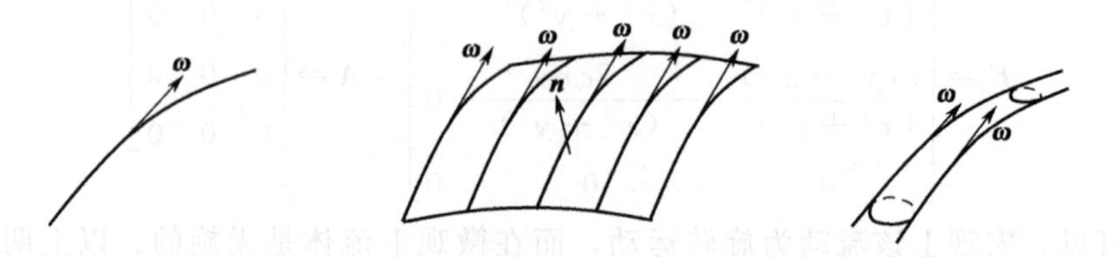

图 5.2 涡线、涡面、涡管

由定义可知，涡面和涡管上任一点的法线方向 $\boldsymbol{n}$ 和该点的涡量 $\boldsymbol{\omega}$ 是垂直的，即 $\boldsymbol{\omega}\perp\boldsymbol{n}$。

（2）涡通量、涡管强度、速度环量

在流场中对某一曲面 A 进行面积分

$$J=\int_{A}\boldsymbol{\omega}\cdot \mathrm{d}A$$

称为过曲面 A 的**涡通量**。

对流场中某时刻的封闭曲线 L 作线积分

$$\Gamma=\oint_{L}\boldsymbol{v}\cdot \mathrm{d}\boldsymbol{l}$$

称为 $\boldsymbol{v}$ 沿该封闭曲线 L 的**速度环量**。速度环量与速度的方向和绕行 L 的方向有关，通常按逆时针绕行为正方向。

对于流场中某一时刻的涡管，取涡管的一个横截面 A，过曲面 A 的涡通量为该瞬时的**涡管强度**。涡管强度与横截面的取法无关，即涡管强度守恒。

由此可知：对于同一涡管，截面积越小，涡量越大，流体转动角速度越大［如图 5.3（a）所示］；涡管截面不可能收缩到零，否则涡量将变为无穷大，因此涡管不能在流体中产生或终止，只能在流体中形成涡环，或始于、终于边界，或伸展至无穷远处［如图 5.3（b）所示］。

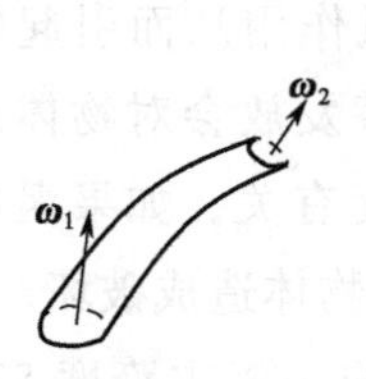

(a)涡量随涡管截面积的变化

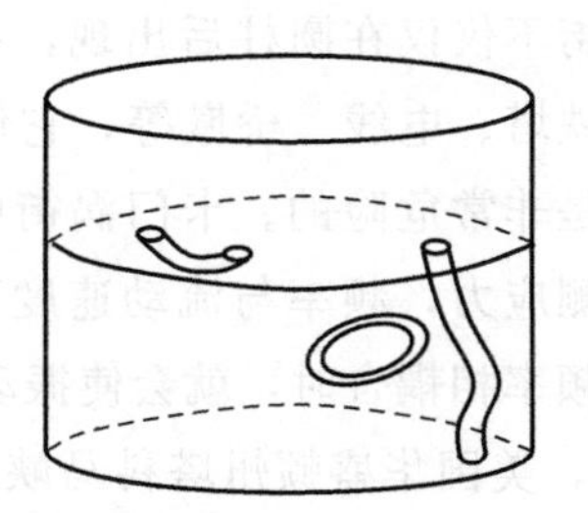
(b)涡管的产生或终止

图 5.3　涡管的性质

5.2 卡门涡街与兰金组合涡

5.2.1 卡门涡街

贝纳德（Henri Bénard）1908 年做圆柱体在流体中运动的实验时发现，柱体后面左右两侧分离出两列涡旋，它们两两相隔，旋转方向相反，涡旋间距不变，两列涡旋间距仅和物体的线尺度有关，这就是著名的卡门涡街（如图 5.4 所示）。1911 年，冯·卡门（Theodore von Kármán）对此类涡系的稳定性进行了计算，对卡门涡街现象给出了合理的解释，并在三周内发表了两篇论文。

图 5.4　卡门涡街观测图

卡门涡街不仅仅在圆柱后出现，在其他形状物体后也可形成，比如高层建筑、烟囱、铁塔、电线、桥墩等，它们受到强风作用从而引起的振动往往与涡街有关，这是非常危险的。卡门涡街中涡的交替发放会对物体产生垂直于流动方向的交变侧应力，频率与流动速度和物体尺度有关。如果涡的发放频率与物体自由振动频率相耦合时，就会使振动加大，对物体造成破坏。

1940 年，美国华盛顿州塔科马峡谷上建造的一座主跨度 853.4m 的悬索桥在建成 4 个月后遭遇了一场速度为 19m/s 的狂风，桥发生了剧烈的扭曲振动，且振幅越来越大（接近 9m），直到桥面倾斜到 45°左右，吊杆逐根拉断导致桥面钢梁折断而垮塌并坠落到峡谷中。人们在收集历史资料时发现，从 1818 年到 19 世纪末，由风引起的桥梁振动已至少毁坏了 11 座悬索桥。

20 世纪 60 年代，经过计算和实验，证明了冯·卡门对塔科马峡谷桥损毁的分析是正确的：由于一定流速的流体在流经大桥边墙时，产生了卡门涡街，而卡门涡街后涡的交替发放，在物体上产生了垂直于流动方向的交变侧应力，造成桥梁振动并最终破坏。

5.2.2　兰金组合涡

整个流场由中心强制涡和外部自由涡组成的组合涡结构称作**兰金组合涡**，如台风、旋风等。

假设强制涡的最大半径为 R，在强制涡中（$r \leqslant R$），流体质点旋转速度与质点所在半径成正比

$$v = r\omega$$

式中，ω 是流体旋转角速度，数值上等于涡量的一半。显然，强制涡是有旋的。

在自由涡中（$r > R$），流体速度与半径的关系如下

$$v = \frac{\Gamma}{2\pi r} \tag{5-4}$$

流体质点速度与所在半径成反比，自由涡是无旋的。

忽略重力影响，在自由涡建立伯努利方程

$$\frac{\rho v^2}{2} + p = \frac{\rho v_\infty^2}{2} + p_\infty \tag{5-5}$$

式中，p_∞ 是无穷远处的压强。

由式（5-4）可知，无穷远处的流体质点速度为 0，因此自由涡中任一点压强为

$$p = p_\infty - \frac{\rho v^2}{2} = p_\infty - \frac{\rho \Gamma^2}{8\pi^2 r^2} \tag{5-6}$$

可见随着向涡旋中心靠近，压强降低。在自由涡边界上，$r = R$，速度最大，压强最小。最大速度为

$$v_R = \frac{\Gamma}{2\pi R} \tag{5-7}$$

最小压强为

$$p_R = p_\infty - \frac{\rho v_R^2}{2} = p_\infty - \frac{\rho \Gamma^2}{8\pi^2 R^2} \tag{5-8}$$

在强制涡范围内，流体类似刚体运动，由式（2-29）可知

$$p - \frac{\rho r^2 \omega^2}{2} = \text{常数}$$

因此，注意到强制涡外边界上压强为 p_R，则

$$p - \frac{\rho r^2 \omega^2}{2} = p_R - \frac{\rho R^2 \omega^2}{2} = p_\infty - \frac{\rho \Gamma^2}{8\pi^2 R^2} - \frac{\rho R^2 \omega^2}{2} \tag{5-9}$$

进而

$$p = p_\infty - \frac{\rho \Gamma^2}{8\pi^2 R^2} - \frac{\rho R^2 \omega^2}{2} + \frac{\rho r^2 \omega^2}{2} = p_\infty - \frac{\rho v_R^2}{2} - \frac{\rho v_R^2}{2} + \frac{\rho r^2 \omega^2}{2}$$

$$= p_\infty - \rho v_R^2 + \frac{\rho r^2 \omega^2}{2} \tag{5-10}$$

显然，在组合涡的中心处，$r=0$，压强 p_O 为最小

$$p_O=p_\infty-\rho v_R^2$$

可见，兰金组合涡内，压强随着半径的减小而减小，速度是在强制涡和自由涡交界处最大，中心为 0，无穷远处趋近于 0。速度与压强分布示意图如图 5.5 (a) 所示。

如果考虑重力，显然由于中心处压强最低，液面也会最低，如图 5.5 (b) 所示。

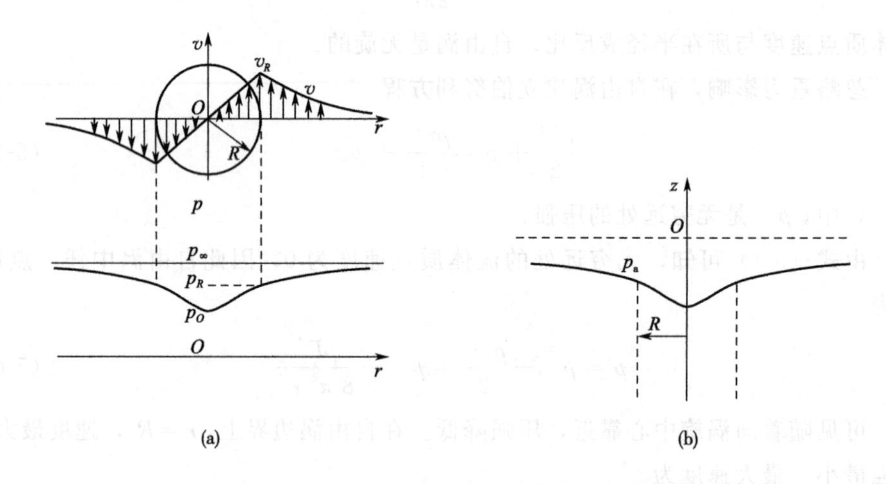

图 5.5 兰金组合涡中速度和压强分布示意图

5.3 势函数与流函数

5.3.1 势函数

对于流体微团，如果涡量 $\boldsymbol{\omega}=0$，则流体无旋，在直角坐标系下，即

$$\boldsymbol{\omega}=\begin{vmatrix} \boldsymbol{i} & \boldsymbol{j} & \boldsymbol{k} \\ \dfrac{\partial}{\partial x} & \dfrac{\partial}{\partial y} & \dfrac{\partial}{\partial z} \\ u & v & w \end{vmatrix}=\left(\frac{\partial w}{\partial y}-\frac{\partial v}{\partial z}\right)\boldsymbol{i}+\left(\frac{\partial u}{\partial z}-\frac{\partial w}{\partial x}\right)\boldsymbol{j}+\left(\frac{\partial v}{\partial x}-\frac{\partial u}{\partial y}\right)\boldsymbol{k}=0$$

即

$$\frac{\partial v}{\partial x}-\frac{\partial u}{\partial y}=0$$

$$\frac{\partial w}{\partial y}-\frac{\partial v}{\partial z}=0$$

$$\frac{\partial u}{\partial z}-\frac{\partial w}{\partial x}=0 \tag{5-11}$$

如有函数 ϕ 满足

$$\frac{\partial \phi}{\partial x}=u$$

$$\frac{\partial \phi}{\partial y}=v$$

$$\frac{\partial \phi}{\partial z}=w \tag{5-12}$$

由于空间曲线积分与路径无关，则下列线积分定义的函数 ϕ 可满足式（5-11）：

$$\phi=\int(u\mathrm{d}x+v\mathrm{d}y+w\mathrm{d}z) \tag{5-13}$$

函数 ϕ 即为速度的**势函数**，亦称速度势。显然，速度势存在的条件是流体无旋，因此对于无旋运动也称作势流运动。

不可压缩流体的连续性方程是

$$\frac{\partial u}{\partial x}+\frac{\partial v}{\partial y}+\frac{\partial w}{\partial z}=0$$

结合式（5-12）得

$$\frac{\partial^2 \phi}{\partial x^2}+\frac{\partial^2 \phi}{\partial y^2}+\frac{\partial^2 \phi}{\partial z^2}=0 \tag{5-14a}$$

即

$$\nabla^2 \phi=0 \tag{5-14b}$$

用拉普拉斯（Laplace，1749—1827）算子 $\boldsymbol{\Delta}$ 表示，即为

$$\boldsymbol{\Delta}\phi=0 \tag{5-14c}$$

式（5-14）称为拉普拉斯方程，拉普拉斯算子 $\boldsymbol{\Delta}$ 的定义为

$$\boldsymbol{\Delta}=\frac{\partial^2}{\partial x^2}+\frac{\partial^2}{\partial y^2}+\frac{\partial^2}{\partial z^2} \tag{5-15}$$

式（5-14）表明，势函数满足拉普拉斯方程。

在平面极坐标系下，

$$v_r=\frac{\partial \phi}{\partial r}$$

$$v_\theta=\frac{\partial \phi}{r\partial \theta} \tag{5-16}$$

$$\phi(r,\theta)=\int\left(\frac{\partial\phi}{\partial r}\mathrm{d}r+\frac{\partial\phi}{\partial\theta}\mathrm{d}\theta\right)=\int(v_r\mathrm{d}r+v_\theta r\mathrm{d}\theta)\tag{5-17}$$

拉普拉斯方程为

$$\frac{\partial^2\phi}{\partial r^2}+\frac{\partial\phi}{r\partial r}+\frac{\partial^2\phi}{r^2\partial\theta^2}=0\tag{5-18}$$

在柱坐标系下，

$$v_r=\frac{\partial\phi}{\partial r}$$

$$v_\theta=\frac{\partial\phi}{r\partial\theta}$$

$$v_z=\frac{\partial\phi}{\partial z}\tag{5-19}$$

$$\phi(r,\theta,z)=\int\left(\frac{\partial\phi}{\partial r}\mathrm{d}r+\frac{\partial\phi}{\partial\theta}\mathrm{d}\theta+\frac{\partial\phi}{\partial z}\mathrm{d}z\right)=\int(v_r\mathrm{d}r+v_\theta r\mathrm{d}\theta+v_z\mathrm{d}z)\tag{5-20}$$

拉普拉斯方程为

$$\frac{\partial^2\phi}{\partial r^2}+\frac{\partial\phi}{r\partial r}+\frac{\partial^2\phi}{r^2\partial\theta^2}+\frac{\partial^2\phi}{\partial z^2}=0\tag{5-21}$$

5.3.2 流函数

对于平面不可压缩流动中，连续性方程是

$$\frac{\partial u}{\partial x}+\frac{\partial v}{\partial y}=0$$

即

$$\frac{\partial u}{\partial x}=-\frac{\partial v}{\partial y}\tag{5-22}$$

如有函数 ψ 满足

$$\frac{\partial\psi}{\partial x}=-v$$

$$\frac{\partial\psi}{\partial y}=u\tag{5-23}$$

由于空间曲线积分与路径无关，则下列线积分定义的函数 ψ 可满足式 (5-22)：

$$\psi=\int(-v\mathrm{d}x+u\mathrm{d}y)\tag{5-24}$$

上式定义的积分函数 ψ 称为**流函数**。

从势函数和流函数的建立过程可知，二者的存在条件是不同的，势函数的

条件是无旋流动；流函数的条件是不可压缩的平面流。因此二者同时存在的条件是平面不可压缩的无旋流动，此时有

$$\frac{\partial \phi}{\partial y}=-\frac{\partial \psi}{\partial x}=v$$

$$\frac{\partial \phi}{\partial x}=\frac{\partial \psi}{\partial y}=u \tag{5-25}$$

对于无旋流动

$$\frac{\partial v}{\partial x}-\frac{\partial u}{\partial y}=0$$

将式（5-23）代入上式，得

$$\frac{\partial^2 \psi}{\partial x^2}+\frac{\partial^2 \psi}{\partial y^2}=0 \tag{5-26a}$$

$$\Delta \psi=0 \tag{5-26b}$$

可见，流函数同样满足拉普拉斯方程。

在平面极坐标系下，

$$v_r=\frac{\partial \psi}{r \partial \theta}$$

$$v_\theta=-\frac{\partial \psi}{\partial r} \tag{5-27}$$

$$\psi(r,\ \theta)=\int\left(\frac{\partial \psi}{\partial r}\mathrm{d}r+\frac{\partial \psi}{\partial \theta}\mathrm{d}\theta\right)=\int\left(-v_\theta \mathrm{d}r+v_r r \mathrm{d}\theta\right) \tag{5-28}$$

5.3.3　势函数和流函数的性质

（1）等势面（或等势线）与流线相垂直

等势面是一个将流场中速度势相同的点连接在一起而形成的空间曲面（在平面流动中，即为等势线）。

在等势面上，由于

$$\phi(x,\ y,\ z)=常数$$

$$\mathrm{d}\phi=\frac{\partial \phi}{\partial x}\mathrm{d}x+\frac{\partial \phi}{\partial y}\mathrm{d}y+\frac{\partial \phi}{\partial z}\mathrm{d}z=0$$

$$u\mathrm{d}x+v\mathrm{d}y+w\mathrm{d}z=0$$

$$\boldsymbol{v}\cdot\mathrm{d}\boldsymbol{l}=0$$

式中，$\mathrm{d}\boldsymbol{l}$ 是等势面上的任一有向线段，因此得证。

（2）速度势在任一方向上的偏导数等于速度在该方向上的投影

速度势 ϕ 在任一方向 $\boldsymbol{l}$ 上的方向导数

$$\frac{\partial \phi}{\partial l}=\frac{\partial \phi}{\partial x}\cos(\boldsymbol{l},\ x)+\frac{\partial \phi}{\partial y}\cos(\boldsymbol{l},\ y)+\frac{\partial \phi}{\partial z}\cos(\boldsymbol{l},\ z)$$

$$=u\cos(\boldsymbol{l},\ x)+v\cos(\boldsymbol{l},\ y)+w\cos(\boldsymbol{l},\ z)=v_l$$

即

$$\frac{\partial \phi}{\partial l}=v_l$$

因此得证。

(3) 任一封闭曲线的速度环量为零

如图 5.6 所示，在无旋势流场中，沿任一曲线 AB 的速度的线积分

$$\int_A^B \boldsymbol{v}\cdot \mathrm{d}\boldsymbol{l}=\int_A^B (u\mathrm{d}x+v\mathrm{d}y+w\mathrm{d}z)$$

$$=\int_A^B\left(\frac{\partial \phi}{\partial x}\mathrm{d}x+\frac{\partial \phi}{\partial y}\mathrm{d}y+\frac{\partial \phi}{\partial z}\mathrm{d}z\right)$$

$$=\int_A^B \mathrm{d}\phi$$

$$=\phi_B-\phi_A$$

即曲线终点 B 和起点 A 之间的速度势之差。

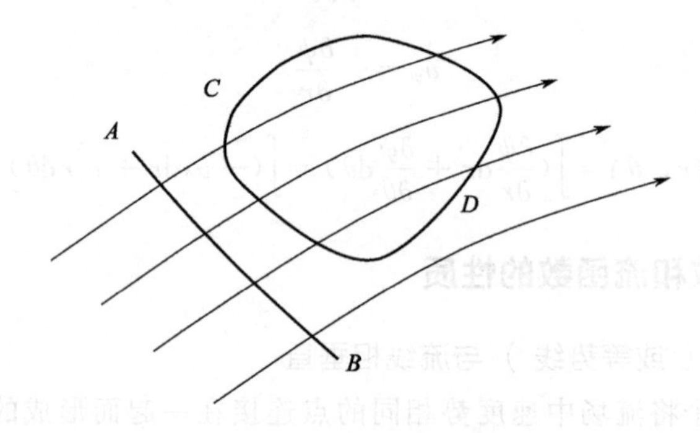

图 5.6 势流场中沿曲线的线积分

显然，封闭曲线的线积分为 0：

$$\Gamma_{CDC}=\int_C^C \boldsymbol{v}\cdot \mathrm{d}\boldsymbol{l}=\phi_C-\phi_C=0$$

即势流场中任一封闭曲线的速度环量为零。

(4) 流函数的等值线与流线重合

对于平面不可压缩流场，其流线的微分方程是

$$\frac{\mathrm{d}x}{u}=\frac{\mathrm{d}y}{v}$$

$$-v\mathrm{d}x+u\mathrm{d}y=0$$

将式（5-23）代入上式，得

$$\frac{\partial \psi}{\partial x}\mathrm{d}x+\frac{\partial \psi}{\partial y}\mathrm{d}y=0$$

即

$$\mathrm{d}\psi=0$$

或

$$\psi=常数$$

由此得证。

由性质（1）可知，在平面流动中，等势线与流线垂直，而由性质（4）可知，流函数的等值线又与流线重合，因此有等势线与流函数的等值线构成了一个交错的网，如图 5.7 所示。即

$$(\psi=常数)\perp(\phi=常数)$$

（5）任意两点流函数的差值等于通过连接这两点的任意形状曲线的流量

在不可压缩流场中取连接两条流线的任意曲线 $\boldsymbol{l}$（如图 5.8 所示），根据流体的连续性，通过曲线 $\boldsymbol{l}$ 的流量为

$$\begin{aligned}Q_l&=\int_A^B \boldsymbol{v}\,\mathrm{d}\boldsymbol{l}=\int_{y_1}^{y_2}u(x_2,\ y)\,\mathrm{d}y-\int_{x_1}^{x_2}v(x,\ y_1)\,\mathrm{d}x\\&=\int_{y_1}^{y_2}\frac{\partial \psi(x_2,\ y)}{\partial y}\mathrm{d}y+\int_{x_1}^{x_2}\frac{\partial \psi(x,\ y_1)}{\partial x}\mathrm{d}x\\&=\int_A^B \mathrm{d}\psi=\psi_B-\psi_A\end{aligned}$$

即为任意两点流函数的差值。因此得证。

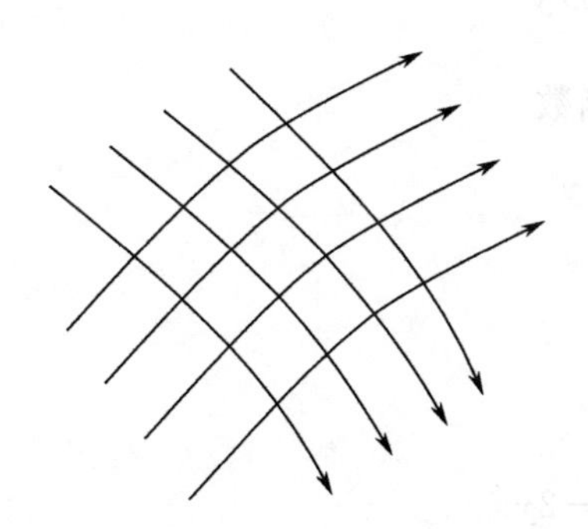

图 5.7　等势线与流函数的等值线

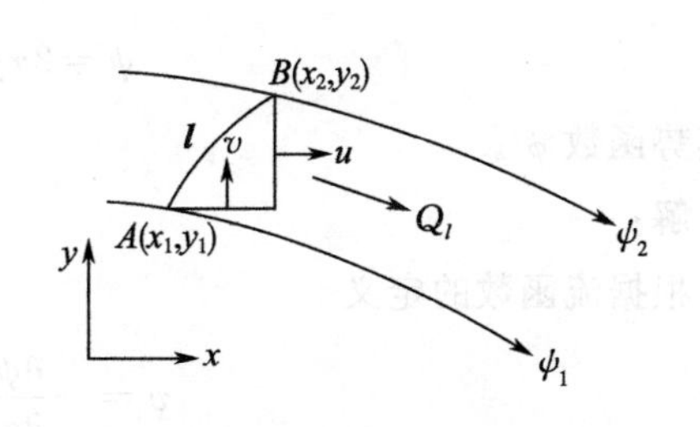

图 5.8　任意两点流函数差值

5.3.4 势函数和流函数的求解

势函数和流函数都满足拉普拉斯方程，另外，根据势函数和流函数的存在条件，二者都是调和函数。调和函数的线性组合仍是调和函数，满足拉普拉斯方程。因此，利用简单流动的势函数和流函数的适当的线性组合，即可得到复杂流动的势函数和流函数。

【例 5-1】 试证明以下的不可压缩流体平面流动满足连续性方程：

$$u = x^2 - 2x - y^2 + 3y$$

$$v = -2xy + 2y + 3x$$

是否为无旋流动，并求其势函数。

解：

$$\frac{\partial u}{\partial x} + \frac{\partial v}{\partial y} = (2x - 2) + (-2x + 2) = 0$$

因此，满足连续性方程。

$$\frac{\partial v}{\partial x} - \frac{\partial u}{\partial y} = -2y + 3 - (-2y + 3) = 0$$

即无旋流动，存在势函数

$$\begin{aligned}\phi &= \int (u\mathrm{d}x + v\mathrm{d}y) \\ &= \int_0^x u(x,\ 0)\,\mathrm{d}x + \int_0^y v(x,\ y)\,\mathrm{d}y \\ &= \int_0^x (x^2 - 2x)\mathrm{d}x + \int_0^y (-2xy + 2y + 3x)\mathrm{d}y \\ &= \frac{x^3}{3} - x^2 - xy^2 + y^2 + 3xy\end{aligned}$$

【例 5-2】 某一平面不可压缩流动的流函数

$$\psi = 2xy + y$$

求其势函数 ϕ 。

解：

根据流函数的定义

$$v = -\frac{\partial \psi}{\partial x} = -2y$$

$$u = \frac{\partial \psi}{\partial y} = 2x + 1$$

$$\frac{\partial v}{\partial x}-\frac{\partial u}{\partial y}=0-0=0$$

即无旋流动，存在势函数

$$\begin{aligned}\phi&=\int(u\mathrm{d}x+v\mathrm{d}y)\\&=\int_0^x u(x,0)\mathrm{d}x+\int_0^y v(x,y)\mathrm{d}y\\&=\int_0^x(2x+1)\mathrm{d}x+\int_0^y(-2y)\mathrm{d}y\\&=x^2+x-y^2\end{aligned}$$

【例 5-3】 平面不可压缩流动的势函数

$$\phi=-x^2+y^2-y$$

求其流函数 ψ 。

解：

根据势函数的定义

$$u=\frac{\partial\phi}{\partial x}=-2x$$

$$v=\frac{\partial\phi}{\partial y}=2y-1$$

由于

$$\frac{\partial u}{\partial x}+\frac{\partial v}{\partial y}=-2+2=0$$

满足连续性方程，因而存在流函数，流函数为

$$\begin{aligned}\psi&=\int(-v\mathrm{d}x+u\mathrm{d}y)\\&=\int_0^x-v(x,0)\mathrm{d}x+\int_0^y u(x,y)\mathrm{d}y\\&=x-2xy\end{aligned}$$

5.3.5 简单平面势流

（1）直均流

流体质点以等速度相互平行地做直线运动的流动称为直均流。如图 5.9 所示，设流体运动方向为 x 向，则其速度分布为

$$u=u_0$$

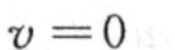

$$v=0$$

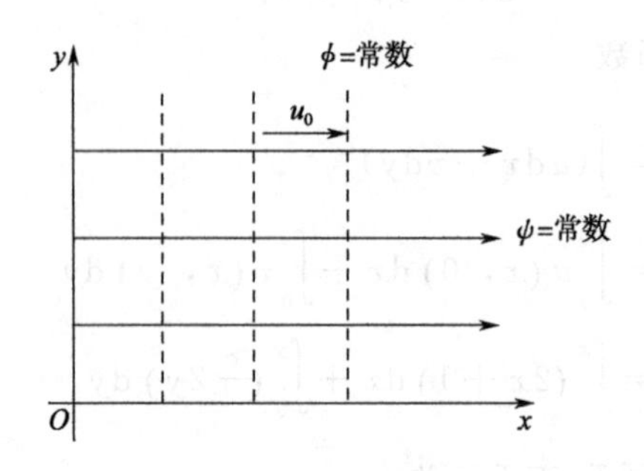

图 5.9　直均流

对于直均流，下面判断其是否为势流流动，以及是否存在流函数。

由于

$$\frac{\partial v}{\partial x}-\frac{\partial u}{\partial y}=0$$

因此为无旋流动，即势流流动，存在速度势

$$\begin{aligned}\phi&=\int(u\mathrm{d}x+v\mathrm{d}y)\\&=\int_0^x u(x,\ 0)\,\mathrm{d}x+\int_0^y v(x,\ y)\,\mathrm{d}y\\&=u_0x\end{aligned}$$

可见，等势线是 x 为常数的一簇与 y 轴平行的直线。

显然，$\mathrm{div}\boldsymbol{v}=0$，因此流动满足连续性方程，存在流函数，流函数

$$\begin{aligned}\psi&=\int(-v\mathrm{d}x+u\mathrm{d}y)\\&=\int_0^y u_0\mathrm{d}y\\&=u_0y\end{aligned}$$

同样可见，流函数的等值线是 y 为常数的一簇与 x 轴平行的直线，如图 5.9 所示，显然满足

$$(\psi=\text{常数})\perp(\phi=\text{常数})$$

(2) 源流或汇流

流体从平面上一点（源点）均匀地以辐射状向外流出至无穷远处的流动称为平面源流（反方向的流动则为平面汇流），如图 5.10 所示。

单位时间内流出的体积流量即为源强，以 Q_v 表示。如取源点为坐标原点，

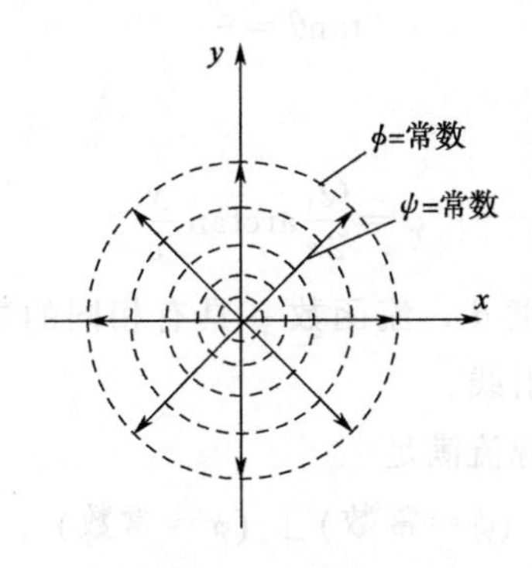

图 5.10　源流

以极坐标表示的速度分布为

$$v_r=\frac{Q_{\mathrm{v}}}{2\pi r}$$

$$v_\theta=0 \tag{5-29}$$

由于涡量为

$$\frac{\partial v_\theta}{\partial r}+\frac{v_\theta}{r}-\frac{\partial v_r}{r\partial\theta}=0+0-0=0$$

即无旋流动，存在势函数

$$\phi=\int(v_r\mathrm{d}r+v_\theta r\mathrm{d}\theta)=\int\frac{Q_{\mathrm{v}}}{2\pi r}\mathrm{d}r=\frac{Q_{\mathrm{v}}}{2\pi}\ln r \tag{5-30}$$

因为

$$r=\sqrt{x^2+y^2}$$

也可得

$$\phi=\frac{Q_{\mathrm{v}}}{2\pi}\ln\sqrt{x^2+y^2}$$

显然，对于相同的 r 值，速度势 ϕ 相同，即等势线是一簇同心圆。

由于

$$\frac{v_r}{r}+\frac{\partial\ v_r}{\partial r}+\frac{\partial\ v_\theta}{r\partial\theta}=\frac{Q_{\mathrm{v}}}{2\pi\ r^2}-\frac{Q_{\mathrm{v}}}{2\pi\ r^2}+0=0$$

因此存在流函数

$$\psi=\int\left(\frac{\partial\psi}{\partial r}\mathrm{d}r+\frac{\partial\psi}{\partial\theta}\mathrm{d}\theta\right)=\int(-v_\theta\mathrm{d}r+v_r r\mathrm{d}\theta)=\int\left(\frac{Q_{\mathrm{v}}}{2\pi}\mathrm{d}\theta\right)=\frac{Q_{\mathrm{v}}}{2\pi}\theta \tag{5-31}$$

因为

$$\tan\theta = \frac{y}{x}$$

也可得

$$\psi = \frac{Q_v}{2\pi}\arctan\frac{y}{x}$$

显然，对于相同的角度 θ，流函数 ψ 具有相同的数值，即流函数的等值线是具有相同角度 θ 的一簇射线。

从上面分析同样可知源流满足

$$(\psi = 常数) \perp (\phi = 常数)$$

对于汇流的分析，将上述的 Q_v 改为 $-Q_v$ 即得。

(3) 偶极

一对相距 Δl 且等强度的源汇，随着源和汇相互接近，强度 Q_v 的大小逐渐增大并存在如下的极限：

$$\lim_{\Delta l \to 0} Q_v \Delta l = Q$$

这一极限状态称为偶极。极限值 Q 为不等于 0 的有限值，即偶极的强度。

如图 5.11 所示，设源点为坐标原点 O，汇点在 x 轴上的 O_1 点，流场中任一点 M 距离源点和汇点分别为 R 和 r，源和汇的速度势分别是 ϕ_1 和 ϕ_2，因此偶极流场的速度势

$$\begin{aligned}\phi &= \lim_{\Delta l \to 0}(\phi_1 + \phi_2) = \lim_{\Delta l \to 0}\left(\frac{Q_v}{2\pi}\ln R - \frac{Q_v}{2\pi}\ln r\right) \\ &= \lim_{\Delta l \to 0}\left(\frac{Q_v}{2\pi}\ln\frac{R}{r}\right) = \lim_{\Delta l \to 0}\left(\frac{Q_v}{2\pi}\ln(1 + \frac{\Delta l\cos\theta}{r})\right)\end{aligned}$$

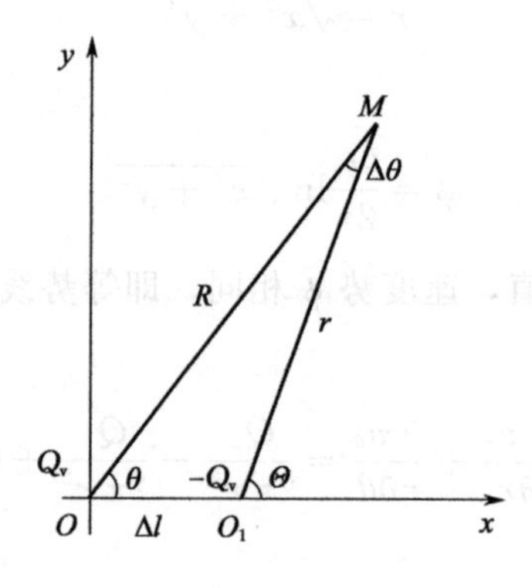

图 5.11　偶极

由于

$$\ln(1+x)=x-\frac{x^2}{2}+\frac{x^3}{3}-\cdots$$

因此

$$\phi=\lim_{\Delta l\to 0}\left[\frac{Q_v}{2\pi}\left(\frac{\Delta l\cos\theta}{r}-\frac{1}{2}\left(\frac{\Delta l\cos\theta}{r}\right)^2+\frac{1}{3}\left(\frac{\Delta l\cos\theta}{r}\right)^3-\cdots\right)\right]$$

$$=\frac{Q\cos\theta}{2\pi R}$$

$$=\frac{Qx}{2\pi(x^2+y^2)}$$

下面分析等势线的特征。

如果速度势相等，则

$$\frac{x}{x^2+y^2}=C$$

通过简单数学变换可得

$$\left(x-\frac{1}{2C}\right)^2+y^2=\frac{1}{4C^2}$$

构成一个圆的方程，C 取值不同时，获得一簇圆，圆心位于 x 轴，圆周与 y 轴相切，如图 5.12 所示。

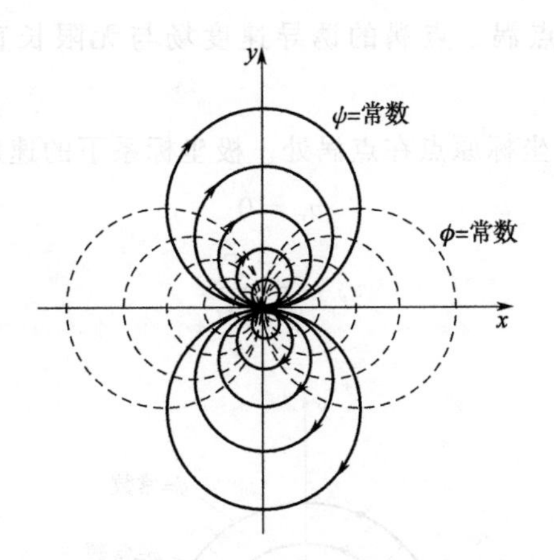

图 5.12　偶极的等势线与流函数等值线

同理可求流函数

$$\psi=\lim_{\Delta l\to 0}(\psi_1+\psi_2)=\lim_{\Delta l\to 0}\left(\frac{Q_v}{2\pi}\theta-\frac{Q_v}{2\pi}\Theta\right)$$

$$=\lim_{\Delta l\to 0}\left(\frac{Q_v}{2\pi}(-\Delta\theta)\right)$$

$$=\lim_{\Delta l\to 0}\left(-\frac{Q_{\mathrm{v}}}{2\pi}\times\frac{\Delta l\sin\theta}{r}\right)$$

$$=-\frac{Q\sin\theta}{2\pi R}$$

$$=-\frac{Qy}{2\pi(x^2+y^2)}$$

如果流函数相等，则

$$\frac{y}{x^2+y^2}=C$$

通过数学变换可得

$$x^2+\left(y-\frac{1}{2C}\right)^2=\frac{1}{4C^2}$$

C 取值不同时，获得一簇圆，圆心位于 y 轴，圆周与 x 轴相切，如图 5.12 所示。

显然，同样有

$$(\psi=\text{常数})\perp(\phi=\text{常数})$$

(4) 点涡

假设流场中有一强度为 Γ 的无限长的直涡线，与涡线垂直的平面内涡强集中于一个点上，称为点涡。点涡的诱导速度场与无限长直线涡的诱导速度场相同。

如图 5.13 所示，坐标原点在点涡处。极坐标系下的速度分布为

$$v_r=0$$

$$v_\theta=-\frac{\Gamma}{2\pi r}$$

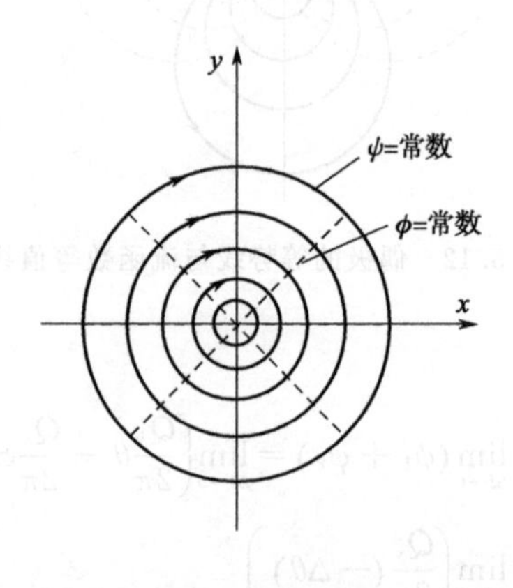

图 5.13　点涡

由于涡量为

$$\frac{\partial v_\theta}{\partial r}+\frac{v_\theta}{r}-\frac{\partial v_r}{r\partial\theta}=\frac{\Gamma}{2\pi r^2}-\frac{\Gamma}{2\pi r^2}-0=0$$

即无旋流动，存在势函数

$$\phi=\int(v_r\mathrm{d}r+v_\theta r\mathrm{d}\theta)=\int\left(-\frac{\Gamma}{2\pi}\mathrm{d}\theta\right)$$

$$=-\frac{\Gamma}{2\pi}\theta$$

$$=-\frac{\Gamma}{2\pi}\arctan\frac{y}{x}$$

显然，等势线是自原点的一簇射线。

由于

$$\frac{v_r}{r}+\frac{\partial v_r}{\partial r}+\frac{\partial v_\theta}{r\partial\theta}=0+0+0=0$$

因此存在流函数

$$\psi=\int(-v_\theta\mathrm{d}r+v_r r\mathrm{d}\theta)=\int\frac{\Gamma}{2\pi r}\mathrm{d}r$$

$$=\frac{\Gamma}{2\pi}\ln r$$

$$=\frac{\Gamma}{2\pi}\ln\sqrt{x^2+y^2}$$

流函数的等值线是一簇圆心位于原点的同心圆。

同样有

$$(\psi=\text{常数})\perp(\phi=\text{常数})$$

对于其他较为复杂的势流场，可以采用简单势流场的叠加原理进行分析，本书略。

5.1　已知流场速度为 $\boldsymbol{v}=2x\boldsymbol{i}+(x+y)\boldsymbol{j}-y\boldsymbol{k}$，求涡量场和涡线方程。

5.2　已知流场速度分布为 $u=3y+z$，$v=x+2z$，$w=2x-y$，求涡量场和涡线方程。

5.3　证明下列平面不可压缩流动满足连续性方程：

$$u=2xy-x$$

$$v = x^2 - y^2 + y$$

求其势函数 ϕ 。

5.4 平面不可压缩流动的流函数

$$\psi = xy - 2x + y$$

求其势函数 ϕ 。

5.5 已知某一平面流场的速度分布为

$$u = ax + by$$

$$v = cx - dy$$

若流体不可压缩，流动为势流流动，求：

① 系数 a 、b 、c 、d 之间的关系；

② 求该流场的流函数 ψ 。

5.6 试问以下两个不可压缩流场是否存在流函数？其中 n 均为常数。

① $u = -n\cos(xy)$ ；$v = n\cos(xy)$ ；

② $u = -n\ln(xy)$ ；$v = \dfrac{ny}{x}$ 。

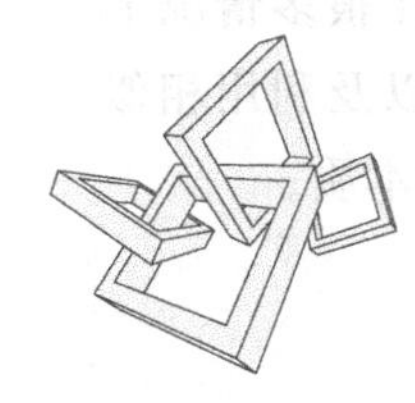

第6章 相似与量纲

- 相似概念
- 动力相似准则
- 近似模型实验
- 量纲分析方法

对流动问题采用直接的理论分析方法进行求解是最简单和缜密的方法，但现实中的很多流动问题并不能通过理论分析加以解决，虽然数值模拟方法得到了越来越广泛的应用，但仍需要采用实验方法予以验证。实验方法迄今仍是流体力学研究的重要方法。采用实物或等尺寸模型进行实验研究，在很多情况下具有较大局限性，实验结果也不具有通用性。本章介绍相似理论以及利用相似理论开展模型实验的方法，在工程实际中可以更深刻地揭示现象的本质。

6.1 相似概念

如果说两个流场相似，实际上是指两个流场力学相似，即流动空间内各对应点和对应时刻描述流动过程的所有物理量各自相互成比例。两个流场相似，则两个流场同时满足几何相似、运动相似、动力相似。

（1）几何相似

几何相似是指用于实验的模型和所研究的实物原型对应线性长度成比例，对于长度 l、直径 d、粗糙度 ε 等，有

$$\frac{l_{\mathrm{m}}}{l}=\frac{d_{\mathrm{m}}}{d}=\frac{\varepsilon_{\mathrm{m}}}{\varepsilon}=k_{l} \tag{6-1}$$

显然，模型与实物的线性长度对应成比例，则对应角度相等

$$\theta_{\mathrm{m}}=\theta$$

面积比

$$\frac{S_{\mathrm{m}}}{S}=k_{S}=k_{l}^{2}$$

体积比

$$\frac{V_{\mathrm{m}}}{V}=k_{V}=k_{l}^{3}$$

（2）运动相似

运动相似是指用于实验的模型和所研究的实物原型流体运动的速度场相似，即

$$\frac{v_{\mathrm{m}}}{v}=k_{v} \tag{6-2}$$

时间比例系数为

$$\frac{t_{\mathrm{m}}}{t}=k_{t}$$

由于速度比例系数、长度比例系数和时间比例系数这三者之间存在运算关系，因而

$$k_t=\frac{t_m}{t}=\frac{l_m/v_m}{l/v}=\frac{k_l}{k_v}$$

加速度比例系数

$$k_a=\frac{a_m}{a}=\frac{k_v}{k_t}=\frac{k_v^2}{k_l}$$

体积流量比例系数

$$k_{Q_v}=\frac{Q_{vm}}{Q_v}=\frac{k_l^3}{k_t}=k_l^2k_v$$

（3）动力相似

动力相似是指用于实验的模型和所研究的实物原型对应作用力的方向相同，大小成比例，即

$$\frac{F_{1m}}{F_1}=\frac{F_{2m}}{F_2}=\frac{F_{3m}}{F_3}=\cdots=k_F \tag{6-3}$$

同理，流场的其他物理量，如密度、动力黏度等，其比例系数可以利用长度比例系数、速度比例系数和动力比例系数以一定的形式表示出来。

实验模型流场和实物原型流场相似，则两者力学相似，包括几何相似、运动相似、动力相似。需要注意的是，反映力学相似的比例系数中，至多只有三个是独立的。

几何相似和运动相似相对比较容易理解，下一节重点介绍动力相似。

6.2 动力相似准则

动力相似时，模型流场和实物流场之间满足如下力学关系

$$\frac{F_{1m}}{F_1}=\frac{F_{2m}}{F_2}=\frac{F_{3m}}{F_3}=\cdots=k_F$$

根据牛顿第二定律，

$$\boldsymbol{F}_1+\boldsymbol{F}_2+\boldsymbol{F}_3+\cdots+\boldsymbol{F}_n=m\boldsymbol{a}$$

因此有

$$\frac{F_{1m}}{F_1}=\frac{F_{2m}}{F_2}=\frac{F_{3m}}{F_3}=\cdots=\frac{F_{nm}}{F_n}=\frac{m_m a_m}{ma}$$

变换得

$$\frac{m_{\mathrm{m}}a_{\mathrm{m}}}{F_{1\mathrm{m}}}=\frac{ma}{F_1};\ \frac{m_{\mathrm{m}}a_{\mathrm{m}}}{F_{2\mathrm{m}}}=\frac{ma}{F_2};\ \cdots;\ \frac{m_{\mathrm{m}}a_{\mathrm{m}}}{F_{n\mathrm{m}}}=\frac{ma}{F_n}$$

或者写成

$$\left(\frac{ma}{F_1}\right)_{\mathrm{m}}=\frac{ma}{F_1};\ \left(\frac{ma}{F_2}\right)_{\mathrm{m}}=\frac{ma}{F_2};\ \cdots;\ \left(\frac{ma}{F_n}\right)_{\mathrm{m}}=\frac{ma}{F_n} \tag{6-4}$$

在流体力学中作用于流体质点上的力可能会有黏性力、压力、重力、弹性力、表面张力、惯性力等。

① 若模型流场与实物流场黏性力相似，则须满足

$$\left(\frac{ma}{\mu S\dfrac{\mathrm{d}u}{\mathrm{d}y}}\right)_{\mathrm{m}}=\frac{ma}{\mu S\dfrac{\mathrm{d}u}{\mathrm{d}y}} \tag{6-5}$$

变换得

$$\left(\frac{\rho vl}{\mu}\right)_{\mathrm{m}}=\frac{\rho vl}{\mu}$$

即雷诺数相同：

$$(Re)_{\mathrm{m}}=Re \tag{6-6}$$

② 若压力相似，则须满足

$$\left(\frac{ma}{pS}\right)_{\mathrm{m}}=\frac{ma}{pS} \tag{6-7}$$

变换得

$$\left(\frac{p}{\rho v^2}\right)_{\mathrm{m}}=\frac{p}{\rho v^2}$$

或

$$\left(\frac{\Delta p}{\rho v^2}\right)_{\mathrm{m}}=\frac{\Delta p}{\rho v^2}$$

即欧拉数相同：

$$(Eu)_{\mathrm{m}}=Eu \tag{6-8}$$

③ 若重力相似，则须满足

$$\left(\frac{ma}{mg}\right)_{\mathrm{m}}=\frac{ma}{mg} \tag{6-9}$$

变换得

$$\left(\frac{v}{\sqrt{lg}}\right)_{\mathrm{m}}=\frac{v}{\sqrt{lg}}$$

即弗洛德数相同：

$$(Fr)_{\mathrm{m}} = Fr \tag{6-10}$$

④ 若弹性力相似，则须满足

$$\left(\frac{ma}{KS}\right)_{\mathrm{m}} = \frac{ma}{KS} \tag{6-11}$$

式中，K 为弹性模量。变换得

$$\left(\frac{v}{c}\right)_{\mathrm{m}} = \frac{v}{c} \tag{6-12}$$

式中，c 为光速。即马赫数相同：

$$(Ma)_{\mathrm{m}} = Ma \tag{6-13}$$

⑤ 若表面张力相似，则须满足

$$\left(\frac{ma}{\sigma l}\right)_{\mathrm{m}} = \frac{ma}{\sigma l} \tag{6-14}$$

变换得

$$\left(\frac{\rho l v^2}{\sigma}\right)_{\mathrm{m}} = \frac{\rho l v^2}{\sigma}$$

即韦伯数相同：

$$(We)_{\mathrm{m}} = We \tag{6-15}$$

两个流场黏性力相似，它们的雷诺数必定相同；压力相似，欧拉数必定相同；重力相似，弗洛德数必定相同；弹性力相似，马赫数必定相同；表面张力相似，韦伯数必定相同。反之亦然。

6.3 近似模型实验

正如前面所述，两个流场力学相似的条件是同时满足几何相似、运动相似和动力相似。而其中动力相似是要求所有动力相似准则都要分别满足，这在实际中又是几乎不可能的，除非长度比例系数为1。因此往往根据工程实际，只能选取部分相似，进行近似的模型实验。

对于两个以上的动力相似准则若要同时满足，通常也是很难实现的，一般考虑占主导地位的相似准则，而忽略影响较小的相似准则。同时需要注意的是，在实物原型中可以忽略的力，在模型实验中可能是不可以忽略的。另外，也需要注意“自模化”现象。当雷诺数 $Re<2320$ 时（第一自模化区），流态为

层流，不论雷诺数 Re 数值多大，速度分布都是相似的；当雷诺数 $Re > 4160\left(\frac{d}{2\varepsilon}\right)^{0.85}$ 时（第二自模化区），雷诺数 Re 的大小变化对湍流程度和速度分布没有影响。这种现象称为“自模化”现象。只要模型和实物原型处在同一自模化区，雷诺数 Re 不必相等。

【例 6-1】 采用模型对堰流流动进行实验，长度比例系数 $k_l = \frac{1}{30}$，如果模型与原型的弗洛德数 Fr 相等，模型中的流量 Q_{vm} 为 $0.012m^3/s$，问原型中的流量 Q_v 为多大？

解：

当重力起主导作用时，模型与原型弗洛德数 Fr 相等，即

$$\left(\frac{v}{\sqrt{lg}}\right)_m = \frac{v}{\sqrt{lg}}$$

由于 $g_m = g$，因此

$$\left(\frac{v}{\sqrt{l}}\right)_m = \frac{v}{\sqrt{l}}$$

即

$$k_v = \sqrt{k_l}$$

由于

$$Q_v = vS$$

因此

$$\frac{Q_{vm}}{Q} = \frac{v_m S_m}{vS} = k_v k_l^2 = \sqrt{k_l}\, k_l^2 = k_l^{\frac{5}{2}}$$

$$Q = Q_{vm} / k_l^{\frac{5}{2}} = 59.15(m^3/s)$$

【例 6-2】 长度比例系数为 1/196 的水库模型，放空需要 7min，求原型水库放空需要多长时间？

解：

根据重力相似准则以及重力加速度 g 相同，有

$$k_v = \sqrt{k_l}$$

$$k_t = \frac{k_l}{k_v} = \sqrt{k_l} = 1/14$$

因此

$$t=\frac{t_m}{k_t}=98(\min)$$

由此例也可发现，往往在实际中需要很长时间能完成的过程，在模型中只需要很短的时间即可实现，因此实验模型有利于开展研究，得出有关结论和认识。

6.4　量纲分析方法

在流体力学研究过程中，某物理量（被定量）通常受到多个其他物理量（主定量）影响。假设某 1 个物理量受 4 个物理量影响，每个物理量如按选取 5 个数值进行实验来计，若想确定被定量和主定量之间的关系，采用单项全组合实验，则需要做 5^4 次实验，工作量巨大，耗时长。采用量纲分析法可以有效解决这一难题，大幅减少工作量。通过量纲分析，还可以得出无量纲参数的表达形式。

6.4.1　量纲

量纲是指物理量单位的种类，用不同的符号加以表示。例如，长度单位的量纲是 L，时间单位的量纲是 T，质量单位的量纲是 M，温度单位的量纲是 Θ，密度单位的量纲是 ML^{-3} 等。物理量 f 的量纲记为 $[f]$。

（1）基本量纲

基本量纲是彼此独立、不能相互导出的量纲。如前述长度量纲 L、时间量纲 T、质量量纲 M 以及温度量纲 Θ 为基本量纲。

（2）导出量纲

导出量纲是可以用基本量纲表示出来的量纲。部分主要导出量纲如表 6.1 所示。

表 6.1　主要导出量纲

物理量	量　纲
面积	L^2
体积	L^3
体积流量	L^3T^{-1}

续表

物理量	量 纲
质量流量	MT^{-1}
速度	LT^{-1}
加速度	LT^{-2}
密度	ML^{-3}
力	MLT^{-2}
压强	$ML^{-1}T^{-2}$
动力黏度	$ML^{-1}T^{-1}$
运动黏度	L^2T^{-1}
表面张力	MT^{-2}

(3) 量纲一致性原则

量纲一致性是指任一物理方程中各项的量纲相同。量纲一致性原则是开展量纲分析的理论基础，也是检验方程推导是否正确的依据。

6.4.2 瑞利法

假设已知某一物理量（被定量）y 受另外一些物理量（主定量）的影响，如果采用单项全组合实验确定被定量与这些主定量 x_1，x_2，…，x_n 之间的函数关系，工作量大。瑞利法可以有效解决这一难题。

瑞利法是假设被定量与主定量之间的关系式为

$$y=kx_1^{n1}x_2^{n2}\cdots x_n^{nn} \tag{6-16}$$

代入各主定量的量纲，根据量纲一致性原则，等式两端各基本量纲的指数相等，由此确定上式中各主定量的指数 n_1，n_2，…，n_n，对于无量纲的系数 k 就可以很容易通过实验来确定了。

【例 6-3】 假设已知某工程实际中物理量 f（量纲为 MLT^{-2}）的主定量包括速度 v、直径 d 和质量 m，求 f 的表达式。

解:

设

$$f=kv^{n_1}d^{n_2}m^{n_3}$$

列出量纲

$$MLT^{-2}=(LT^{-1})^{n_1}L^{n_2}M^{n_3}$$

按基本量纲指数相等的原则，对于 M

$$1=n_3$$

对于 L

$$1=n_1+n_2$$

对于 T

$$-2=-n_1$$

解得

$$n_1=2;\ n_2=-1;\ n_3=1$$

由此得

$$f=kv^2d^{-1}m=\frac{kmv^2}{d}$$

系数 k 可由实验进一步确定。

由【例 6-3】可见，瑞利法非常简单实用。但是，当主定量较多时，采用瑞利法则很难求出全部的指数，这时可采用下面的 π 定理加以解决。

6.4.3 π 定理

π 定理是指如果某一物理现象用涉及 m 个基本量纲的 n 个有量纲物理量来描述时，可以转换为用 $n-m$ 个无量纲参数来描述同一物理现象。即，假设描述某一物理现象的方程为

$$f(x_1,\ x_2,\ \cdots,\ x_n)=0 \tag{6-17}$$

则可转换为无量纲方程

$$f'(\pi_1,\ \pi_2,\ \cdots,\ \pi_{n-m})=0 \tag{6-18}$$

来描述同一物理现象。

式（6-18）中的 π_1，π_2，…，π_{n-m} 即由 x_1，x_2，…，x_n 组成的无量纲参数，若求解其中的某个 π 值时，例如 π_1，则该式可改写为

$$\pi_1=f'(\pi_2,\ \cdots,\ \pi_{n-m}) \tag{6-19}$$

这样，通过利用 π 定理，使得描述某一物理现象的 n 个有量纲物理量减少为 $n-m$ 个无量纲参数，减少实验工作量。而其中各个物理量的无量纲参数可以直接给出，或者利用前面所述的瑞利法求得。

【例 6-4】 请用 π 定理给出不可压缩黏性流体粗糙管内定常流动的压力降表达式。

解：

分析可知，不可压缩黏性流体粗糙管内定常流动压力降 Δp 的影响因素主要有：管径 d、管长 l、管壁粗糙度 ε、流速 v、流体动力黏度 μ、流体密度 ρ。

因此，相互关系可以表示为

$$f(\Delta p,\ d,\ l,\ \varepsilon,\ v,\ \mu,\ \rho)=0 \tag{6-20}$$

针对上式中各物理量，写出量纲

$$\begin{aligned}
[\Delta p] &= \mathrm{ML^{-1}T^{-2}}\\
[d] &= \mathrm{L}\\
[l] &= \mathrm{L}\\
[\varepsilon] &= \mathrm{L}\\
[v] &= \mathrm{LT^{-1}}\\
[\mu] &= \mathrm{ML^{-1}T^{-1}}\\
[\rho] &= \mathrm{ML^{-3}}
\end{aligned} \tag{6-21}$$

可见，式（6-21）各物理量量纲中共包含 3 个基本量纲：M、L、T。按照实例中基本量纲的数量，选取 3 个相对简单的量纲独立的物理量，如 d、v、ρ（个别情况下，可选取的量纲独立的物理量个数可能会少于基本量纲的数量）。

接下来，用上述 3 个量纲独立的物理量 d、v、ρ 来表示出式（6-20）中其他物理量，并转换为无量纲量。

对于 l 和 ε，由于量纲与 d 相同，易得相应的无量纲参数

$$\pi_l=\frac{l}{d}$$

$$\pi_\varepsilon=\frac{\varepsilon}{d}$$

对于 Δp，假设

$$[\Delta p]=[d]^{n_1}[v]^{n_2}[\rho]^{n_3}$$

列出量纲

$$[\mathrm{ML^{-1}T^{-2}}]=[\mathrm{L}]^{n_1}[\mathrm{LT^{-1}}]^{n_2}[\mathrm{ML^{-3}}]^{n_3}$$

利用瑞利法可解得

$$n_1=0;\ n_2=2;\ n_3=1$$

即

$$[\Delta p]=[v]^2[\rho]$$

因此有

$$\pi_{\Delta p}=\frac{\Delta p}{\rho v^2}=Eu$$

这里的 $\pi_{\Delta p}$ 即为比 Δp 小 ρv^2 倍的无量纲参数。

同理可求得

$$\pi_{\mu}=\frac{\mu}{\rho v d}=\frac{1}{Re}$$

由此可得无量纲方程

$$f'(\pi_{\Delta p},\ \pi_{l},\ \pi_{\varepsilon},\ \pi_{\mu})=0$$

改写为

$$\pi_{\Delta p}=f'(\pi_{l},\ \pi_{\varepsilon},\ \pi_{\mu})$$

$$Eu=f'(Re,\ \frac{l}{d},\ \frac{\varepsilon}{d})$$

$$\Delta p=f'(Re,\ \frac{l}{d},\ \frac{\varepsilon}{d})\rho v^{2}$$

由经验可知，管流压力降 Δp 与管长 l 成正比，因此 $\frac{l}{d}$ 的系数为 1，可以提取出来，得

$$\Delta p=f'(Re,\ \frac{\varepsilon}{d})\ \frac{l}{d}\rho v^{2}$$

或

$$\Delta p=f''(Re,\ \frac{\varepsilon}{d})\ \frac{l}{d}\times\frac{\rho v^{2}}{2}$$

设

$$\lambda=f''\left(Re,\ \frac{\varepsilon}{d}\right)$$

得

$$\Delta p=\lambda\ \frac{l}{d}\times\frac{\rho v^{2}}{2} \tag{6-22}$$

式（6-22）即为不可压缩黏性流体粗糙管内定常流动的压力降表达式，式中 λ 为沿程损失系数，由实验确定。

可见，应用 π 定理关键是要正确分析出影响所研究物理现象的全部因素，如有遗漏，则不可能得出正确的结果。

6.1　按照长度比例系数 1/25 作船模试验，实物船的航速 v 为 30km/h，如果流动中重力起主导作用，如果试验和实物船都是在海水中，求船模速度多少时才能做到动力相似？

6.2　实物原型中流体的运动黏度 $\nu=27\times10^{-5}\ m^{2}/s$，模型长度比例系数为

1/9，如以 Fr 数和 Re 数作为相似准数，求模型的运动黏度应为多少？

6.3 请证明伯努利方程 $\frac{v^2}{2g}+z+\frac{p}{\rho g}=H$ 的各项量纲一致。

6.4 流体通过水平毛细管的体积流量 q 与管径 d、动力黏度 μ 、压强梯度 $\Delta p/l$ 有关，请给出流量的表达式。

6.5 设孔口出流速度 v 的影响因素包括孔口直径 d、流体密度 ρ 、动力黏度 μ 、静压差 Δp ，请给出流速 v 的表达式。

第7章 黏性流体管内流动

- 黏性流体中的应力
- 层流与湍流
- 沿程损失与局部损失
- 圆管流动
- 沿程损失系数与当量直径
- 水击现象

在石油、化工、市政、供热等工艺系统中普遍存在管内流动，管道截面以圆形为主，也有其他形状。理想流体是没有黏性的，而实际流体都是有黏性的。黏性流体在流动过程中存在着切应力，由此产生了阻碍流体流动的内摩擦力，也影响法向应力的性质。流体内摩擦力带来能量损耗，而能量损耗的大小与流体流动状态又密切相关。在黏性流体流动过程中，流体中的应力分布如何？流动状态是层流还是湍流？流动阻力如何计算？本章将对相关内容进行简要介绍。

7.1 黏性流体中的应力

7.1.1 黏性流体中的应力分布

理想流体的表面力只有压力，即法向应力，而且任一点上的压强与作用面的方向无关。而在运动的黏性流体中，表面力除了法向应力还存在切向应力。

在运动的黏性流体中取一六面体微团，如图 7.1 所示。

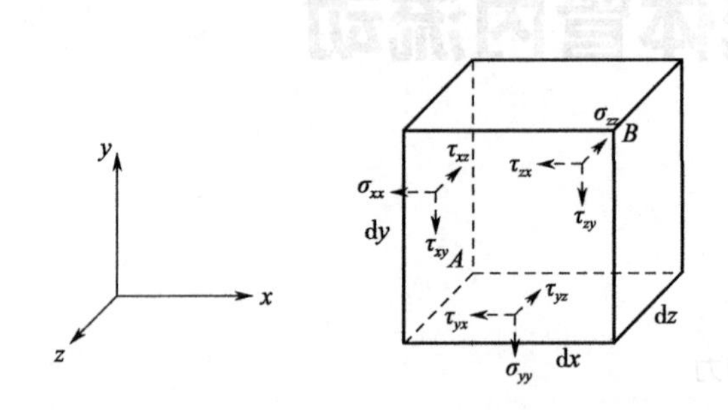

图 7.1 运动黏性流体六面体微团

由于六面体微团无限小，因此可以近似认为作用于同一作用面上的应力各点相等。以 σ 表示法向应力，以 τ 表示切向应力。每个应力变量中，第一个下标字母表示应力所在平面的法线方向，第二个下标字母表示应力本身的方向。A 点所在 3 个表面上的切向应力的方向与坐标轴方向相反时定义为正，其他 3 个表面上的切向应力的方向与坐标轴方向相同时定义为正。图 7.1 按正向标出了 A 点周边 3 个表面上共 9 个应力。

每个表面上有 1 个法向应力和 2 个切向应力，A 点所在 3 个表面上的法向应力和切向应力分别为：

$$\begin{matrix} \sigma_{xx} & \tau_{xy} & \tau_{xz} \\ \tau_{yx} & \sigma_{yy} & \tau_{yz} \\ \tau_{zx} & \tau_{zy} & \sigma_{zz} \end{matrix} \tag{7-1}$$

这 3 个表面上的 9 个应力代表了 A 点的应力状态。

在六面体微团中与 A 点相对的 B 点所在 3 个表面上的法向应力和切向应力分别为：

$$\begin{matrix} \sigma_{xx}+\dfrac{\partial \sigma_{xx}}{\partial x}\mathrm{d}x & \tau_{xy}+\dfrac{\partial \tau_{xy}}{\partial x}\mathrm{d}x & \tau_{xz}+\dfrac{\partial \tau_{xz}}{\partial x}\mathrm{d}x \\ \tau_{yx}+\dfrac{\partial \tau_{yx}}{\partial y}\mathrm{d}y & \sigma_{yy}+\dfrac{\partial \sigma_{yy}}{\partial y}\mathrm{d}y & \tau_{yz}+\dfrac{\partial \tau_{yz}}{\partial y}\mathrm{d}y \\ \tau_{zx}+\dfrac{\partial \tau_{zx}}{\partial z}\mathrm{d}z & \tau_{zy}+\dfrac{\partial \tau_{zy}}{\partial z}\mathrm{d}z & \sigma_{zz}+\dfrac{\partial \sigma_{zz}}{\partial z}\mathrm{d}z \end{matrix} \tag{7-2}$$

上式反映了 B 点的应力状态。

根据动量矩守恒原理，并忽略高阶小量，可证明切向应力互等，即

$$\tau_{xy}=\tau_{yx}$$

$$\tau_{yz}=\tau_{zy}$$

$$\tau_{zx}=\tau_{xz}$$

由此可知，黏性流体流动过程中，任一点的应力状态中的 9 个分量中，只有 6 个分量是独立的，包括 3 个法向应力和 3 个切向应力。

7.1.2　广义牛顿内摩擦定律

在第 1 章 1.4.2 节中针对一维流动得出了牛顿黏性定律

$$\tau=\mu\frac{\mathrm{d}u}{\mathrm{d}y}$$

受 $\dfrac{\mathrm{d}u}{\mathrm{d}y}$ 的影响，矩形流体微元会变形为平行四边形微元，导致平行于 y 轴的边发生角变形，可以证明，其角变形率亦为 $\dfrac{\mathrm{d}u}{\mathrm{d}y}$，因此针对一维流动的牛顿黏性定律可转换为

$$\tau=\mu\frac{\mathrm{d}\beta}{\mathrm{d}t} \tag{7-3}$$

扩展到二维黏性流动，得其角变形率为

$$\tau_{xy}=\mu\left(\frac{\mathrm{d}\beta}{\mathrm{d}t}+\frac{\mathrm{d}\alpha}{\mathrm{d}t}\right)=\mu\left(\frac{\partial u}{\partial y}+\frac{\partial v}{\partial x}\right)=2\mu\varepsilon_{xy}$$

假设流体的黏性是各向同性的，推广到另外两个平面，得

$$\tau_{yz}=\mu\left(\frac{d\gamma}{dt}+\frac{d\beta}{dt}\right)=\mu\left(\frac{\partial v}{\partial z}+\frac{\partial w}{\partial y}\right)=2\mu\varepsilon_{yz}$$

$$\tau_{zx}=\mu\left(\frac{d\alpha}{dt}+\frac{d\gamma}{dt}\right)=\mu\left(\frac{\partial w}{\partial x}+\frac{\partial u}{\partial z}\right)=2\mu\varepsilon_{zx}$$

上式表明流体切向应力等于流体动力黏度与各平面角变形率的乘积。

理想流体或平衡流体中不存在切向应力，因此各方向的法向应力相等，即

$$\sigma_{xx}=\sigma_{yy}=\sigma_{zz}=-p$$

而对于运动黏性流体，不但产生角变形，还产生了线变形，法向上的线变形带来附加的法向应力。各方向上不同的线变形导致附加的法向应力不同，使得各方向上的法向应力不再等于压强。可以证明，运动黏性流体中的压强等于三个相互垂直微元面上的法向应力的算术平均值，符号为负，即

$$p=-\frac{1}{3}(\sigma_{xx}+\sigma_{yy}+\sigma_{zz}) \tag{7-4}$$

可见，运动黏性流体压强和理想流体压强是不同的概念，理想流体的压强是作用面上的法向应力，而运动黏性流体的压强则不简单是所选取作用面上的法向应力。

7.2 层流与湍流

1883 年，雷诺通过玻璃管流动实验揭示了运动的黏性流体存在两种流动状态，即层流和湍流（紊流）。

实验中，当黏性流体流动速度较低时，流动状态为稳定的层流，即流场呈一簇相互平行的流线，管中流体质点无横向运动。当流动速度增大到一定数值时，流体质点产生横向运动，流束开始出现波纹和振荡，流动变得不稳定，管内流体质点做复杂的无规则运动，即处于湍流状态。

在上述过程中，随着流速由小变大，在无干扰条件下，流速达到某一极限值（上临界速度）时，流动状态由层流变为湍流。反过来开展实验，流速由高于上临界速度开始逐渐减小时，流动状态开始保持湍流状态，当流速降低到比上临界速度低的下临界速度时，流动状态才从湍流稳定转变为层流。当流速介于上临界速度和下临界速度之间时，流动状态不稳定，可能为层流，可能为湍流。可见，流体流速的量变引起了流体流动状态的质变。

但是，如果仅仅通过流速进行判定流动状态是不科学的，因为流体的动力

黏度、密度和流动管道的几何尺寸及几何形状也会产生很大影响。通过上一章相似理论的学习我们了解到，雷诺数 Re 是综合了流体动力黏度、密度和几何尺寸的无量纲参数，雷诺提出了用雷诺数来判别流体流动状态的准数。用上临界雷诺数和下临界雷诺数分别对应上临界速度和下临界速度，发现在上临界雷诺数和下临界雷诺数之间时，受到初始条件和外界干扰因素等的影响，流动状态不稳定，因此通常将下临界雷诺数作为流动状态判定的依据，即

$Re \leqslant 2320$ 时，流动为层流；

$Re > 2320$ 时，流动为湍流。

实际黏性流体流动可由上式确定流动状态。

【例 7-1】 液体在内径 $d=0.15\text{m}$ 的圆管中流动，流速 $v=0.3\text{m/s}$，问当液体介质是油和水时的流动状态分别是什么？设油的运动黏度 $\nu=25\times10^{-6}\ \text{m}^2/\text{s}$，水的运动黏度 $\nu=1\times10^{-6}\text{m}^2/\text{s}$。

解：

根据雷诺数的计算公式，对于油，得

$$Re=\frac{vd}{\nu}=\frac{0.3\times0.15}{25\times10^{-6}}=1800<2320$$

因此为层流。

对于水，得

$$Re=\frac{vd}{\nu}=\frac{0.3\times0.15}{1\times10^{-6}}=45000>2320$$

因此为湍流。

由此可见，对于同样的管道尺寸和流动速度，当流体介质的运动黏度不同时（或者流体介质的动力黏度、密度不同时），雷诺数不同，因而流体的流动状态也可能不同。

7.3 沿程损失与局部损失

黏性流体在管道中流动的能量损失可以分为两类，即沿程损失与局部损失。

7.3.1 沿程损失

缓变流在流动过程中，由流体微团或流体层之间以及流体与管壁之间的摩擦而引起的能量损失称为**沿程损失**。可见，沿程损失是由流体的黏性而造成的

能量损失。

在管流中，单位重量流体的沿程损失用h_f表示。由第6章式（6-22）可知

$$\Delta p=\lambda \frac{l}{d}\times\frac{\rho v^2}{2}$$

除以ρg，得达西-魏斯巴赫（Darcy-Weisbach）公式

$$h_f=\lambda \frac{l}{d}\times\frac{v^2}{2g} \tag{7-5}$$

式中，λ是一个与雷诺数、管壁粗糙度和管道内径相关的无量纲参数，对于层流流动，λ可由公式确定，对于湍流流动，通常由经验公式计算或通过实验确定。

实验研究表明，在流速低于下临界速度时，流动状态为层流，沿程损失与平均流速v的1次方成正比；当流速高于上临界速度时，流动状态为湍流，沿程损失与平均流速v的1.75～2次方成正比。由此可知，在计算黏性流体管道流动沿程损失时，首先要判别其流动状态。

7.3.2 局部损失

黏性流体在管道流动过程中，经过阀门、弯头、三通、变截面等局部障碍时，因流体的流动变形和方向改变等原因，在管道内局部形成漩涡，导致流体微团间产生碰撞而引起的能量损失，称为**局部损失**。可以看出，局部损失是发生在急变流中的能量损失，是发生在一段较短的流程上，一般可以简化为发生在某一截面上。

局部损失是由于黏性流体流经各种不同的障碍时产生的，因此其损失的大小也必然与这些障碍的类型有关。

单位重量流体的局部损失用h_j表示，由下式确定

$$h_j=\zeta \frac{v^2}{2g} \tag{7-6}$$

式中，ζ为无量纲的局部损失系数。

对于管道截面突扩（如图7.2所示），设小直径截面的流速为v_1，小直径截面面积为A_1，大直径截面面积为A_2，以v_1速度水头对应的局部损失系数为

$$\zeta=\left(1-\frac{A_1}{A_2}\right)^2$$

其余情况的局部损失系数基本需由实验确定。

在流体工程管道系统中有不同直径的管道，以及不同的阀门、弯头等工艺管件，因此，对于整个管道系统来说，其总能量损失为各管段的沿程损失和各

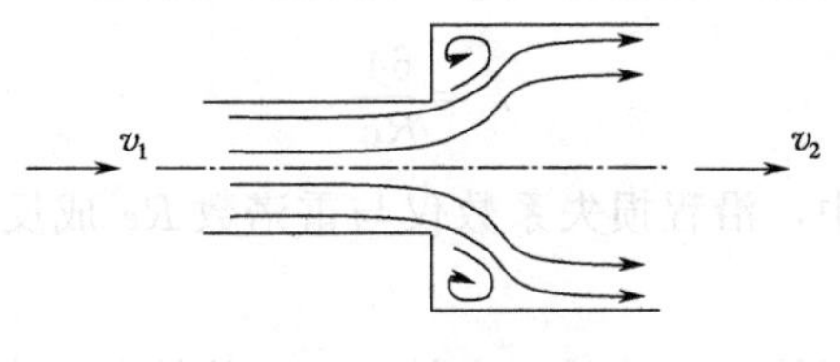

图 7.2　管道截面突扩

管件的局部损失之和，即

$$h_w = \sum h_f + \sum h_j \tag{7-7}$$

在实际工程应用中，对管道系统中的沿程损失和所有管件的局部损失要考虑全面，以便获得准确的结果。

7.4　圆管流动

本节主要针对黏性流体在圆管中分别作层流流动和湍流流动时的流速及其分布和沿程损失进行分析。

7.4.1　层流流动

通过对倾斜圆管内不可压缩黏性流体流动进行分析，结果表明，不论其流动状态是层流还是湍流，切向应力均与所处圆管半径成正比，即轴心处切向应力为 0，管壁处切向应力最大。如图 7.3 所示。

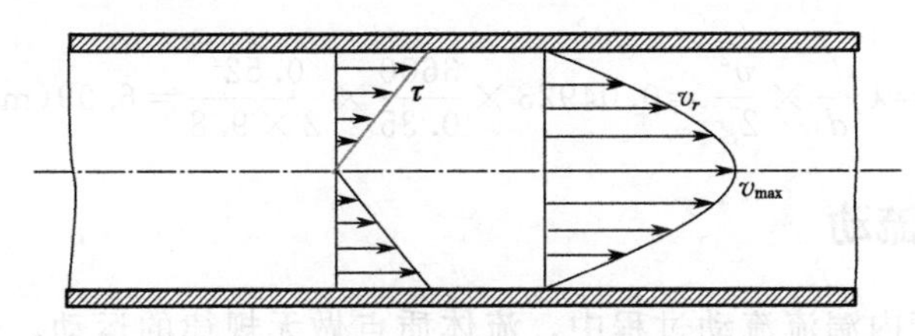

图 7.3　圆管中黏性流体切向应力与层流流动速度分布规律

当黏性流体在圆管中做层流流动时，圆管内流体速度分布在横截面上呈抛物线分布，即轴心处速度最大，$v_0 = v_{max}$，管壁处速度 $v_r = 0$，平均流速为最大流速的一半，即 $\overline{v} = \frac{1}{2} v_{max}$。速度分布如图 7.3 所示。

分析和实验研究表明，层流流动中，沿程损失系数

$$\lambda=\frac{64}{Re} \tag{7-8}$$

即黏性流体层流流动中，沿程损失系数仅与雷诺数 Re 成反比，而与管壁粗糙度无关。

黏性流体在水平圆管中流动时，在长度为 l 的管段上产生的压力降

$$\Delta p=\frac{128\mu lQ}{\pi d^4} \tag{7-9}$$

可见，压力降与流体动力黏度 μ、管道长度 l、流体体积流量 Q 成正比，与管道内径 d 的 4 次方成反比。

【例 7-2】 某种油品在管道内输送，管内径 $d=350\text{mm}$，油品运动黏度 $\nu=1.4\times10^{-4}\text{m}^2/\text{s}$，输送流量 $Q=180\text{m}^3/\text{h}$，输送温度为 40℃，求输送距离 $l=3600\text{m}$ 时的沿程损失。

解：

首先求油品输送的平均流速

$$v=\frac{Q}{\pi r^2}=\frac{180/3600}{\frac{\pi d^2}{4}}=0.52\ (\text{m/s})$$

雷诺数

$$Re=\frac{vd}{\nu}=\frac{0.52\times0.35}{1.4\times10^{-4}}=1300<2320$$

因此流动状态属层流，沿程损失系数

$$\lambda=\frac{64}{Re}=\frac{64}{1300}=0.04923$$

因此沿程损失

$$h_{\text{f}}=\lambda\frac{l}{d}\times\frac{v^2}{2g}=0.04923\times\frac{3600}{0.35}\times\frac{0.52^2}{2\times9.8}=6.99(\text{m})$$

7.4.2 湍流流动

黏性流体管内湍流流动过程中，流体质点做无规律的运动，通过同一流体质点的流速、压强等物理参数都不是固定不变的，而是随时间变化的，这就是**脉动现象**，也是湍流流动与层流流动的本质区别。脉动现象的存在也导致在层流流动中所采用的数学推导无法在湍流流动研究中使用，只能在实验结果分析的基础上参照层流流动结果得出一些半经验的理论。另外，尽管脉动参数是始终变化的，但基本围绕某一均值波动，因此为了简化研究，人们往往采用脉动

参数的时均值作为基本参数来研究湍流流动特性。在时间间隔 T 当中，管流轴向速度的平均值称为时均速度：

$$v_x = \frac{1}{T}\int_0^T v_{xi}\,\mathrm{d}t \tag{7-10}$$

如果管流流动的流量不变，只要时间段不是非常短，时均速度就为常数，由此可知，瞬时速度

$$v_{xi} = v_x + v'_x \tag{7-11}$$

式中，v'_x 为脉动速度，即瞬时速度和时均速度之差，如图 7.4 所示。显然，脉动速度 v'_x 的时均值为 0。

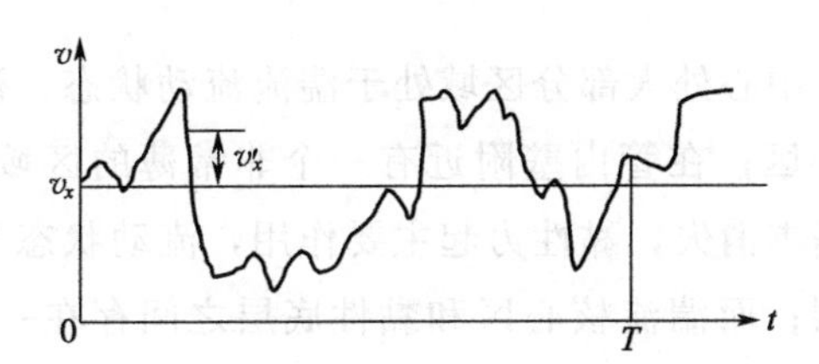

图 7.4　瞬时速度与时均速度

流体质点的速度除了在轴向上存在脉动以外，在横向的 x、y 方向上也存在脉动，其脉动速度的时均值亦为 0。

同理，也可得出时均压强

$$p = \frac{1}{T}\int_0^T p_i\,\mathrm{d}t \tag{7-12}$$

也有

$$p_i = p + p' \tag{7-13}$$

式中，p' 为脉动压强。

流体力学研究中，用瞬时参数进行分析是非常复杂和困难的，往往也是没有必要的。我们在工程实际中，关心的通常是时均参数，而非瞬时参数。

当湍流流场中各点的时均速度、时均压强等时均参数不随时间变化时，这种湍流流动称为**时均定常流动**，简称为准定常流动或定常流动。时均参数随时间变化的湍流流动称为**非定常湍流**，简称非定常流动。

圆管横截面速度分布方面，在层流流动中，速度在横截面上呈抛物线分布。对于湍流流动，由于流体微团存在横向脉动，导致管道中心部分的速度分布变得更为均匀；而管壁附近流体微团受到内壁切向应力的影响使得脉动受到限制，

同时由于黏性的影响使得流速迅速下降，直至在壁面处降为零。因此可以看出，对于黏性流体管内湍流流动，中心处速度分布均匀，而壁面附近速度梯度较大，如图 7.5 所示。

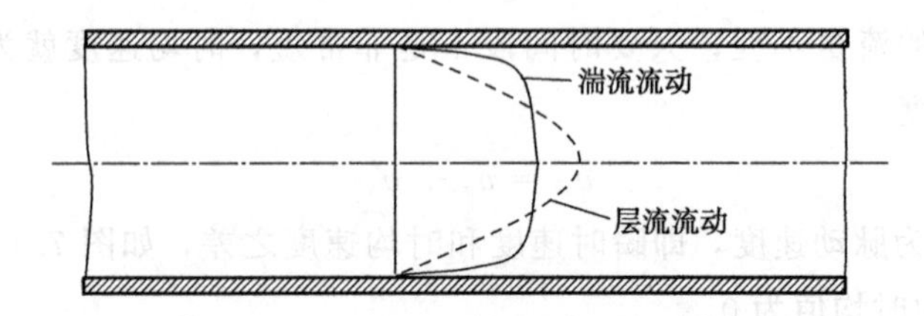

图 7.5　圆管中黏性流体湍流流动速度分布规律

在湍流管流中，中心处大部分区域处于湍流流动状态，流速分布比较均匀，该区域称为**湍流核心区**；在管内壁附近有一个非常薄的区域，受到壁面摩擦作用影响，流体脉动基本消失，黏性力起主要作用，流动状态基本呈现层流流动，该区域称为**黏性底层**；而湍流核心区和黏性底层之间存在一个**过渡区**，过渡区也很薄，通常和湍流核心一起，称为**湍流区**。

分析可知，黏性底层的厚度是随着管流雷诺数 Re 而改变的，雷诺数越大，流体湍流流动越强，脉动越大，因此黏性底层越薄，通常只有几分之一毫米，但对湍流流动影响还是很大的，尤其是在沿程损失计算中。黏性底层厚度计算的半经验公式为

$$\delta=\frac{32.8d}{Re\sqrt{\lambda}} \tag{7-14}$$

式中，λ 为沿程损失系数。

另外一个影响黏性流体管内湍流流动能量损失的重要因素是管壁的粗糙度 ε，即绝对粗糙度，其与圆管内径 d 的比值 ε/d 称为相对粗糙度。

根据黏性底层厚度 δ 和管壁粗糙度 ε 的大小关系，管内湍流流动可以分为两类（如图 7.6 所示）。

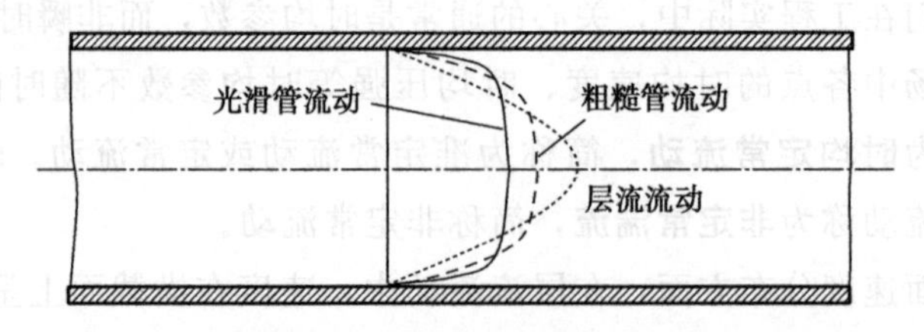

图 7.6　圆管内黏性流体流动速度分布示意图

① 当$\delta > \varepsilon$时，管壁粗糙凸起部分完全在黏性底层之内，湍流区不受管壁粗糙度的影响，这种情况的湍流流动称为“水力光滑管”流动或简称为“光滑管”流动；

② 当$\delta < \varepsilon$时，管壁粗糙凸起部分中，有一部分在湍流区，湍流区流体流经这部分管壁凸起时就会产生漩涡，带来新的能量损失。这种情况的湍流流动称为“水力粗糙管”流动或简称为“粗糙管”流动。

由此可见，黏性底层的厚度δ受雷诺数Re的影响，对于同一粗糙度的管道，当雷诺数Re低于某一数值时，黏性底层的厚度大于管壁粗糙度，即$\delta > \varepsilon$，此时属于“光滑管”流动；当雷诺数增大后，黏性底层厚度减小，当黏性底层厚度小于粗糙度，即$\delta < \varepsilon$时，就属于“粗糙管”流动。也就是说，粗糙度对湍流能量损失的影响只有在流动处于“粗糙管”流动时才显现出来。

7.5 沿程损失系数与当量直径

沿程损失系数是计算沿程损失的基础，通常采用尼古拉兹实验曲线和莫迪图来确定。下面略作介绍。

尼古拉兹通过对“人工粗糙管”开展大量实验，得到了沿程损失系数λ与雷诺数Re和相对粗糙度ε/d之间的关系曲线。实验中，雷诺数Re的范围为$500 \sim 10^6$，人工相对粗糙度ε/d在$1/1014 \sim 1/30$之间选用6个值，将所得实验结果绘制于同一个对数坐标系中，得出尼古拉兹曲线。曲线分为5个区域：层流区、过渡区、湍流光滑管区、湍流粗糙管过渡区、湍流粗糙管平方阻力区。

在工程实际中，管内壁粗糙度不可能如尼古拉兹实验中的“人工粗糙管”那样均匀，因此在实际应用中，需要通过实验进行修正确定。

另外一个确定沿程损失系数的方法是利用莫迪图。在莫迪图中，也是分为5个区域：层流区、临界区、光滑管区、过渡区、完全湍流粗糙管区。与尼古拉兹曲线图的主要区别是，在莫迪图中的过渡区内，沿程损失系数λ随雷诺数Re的增大而减小。

在工程实际中，管道有时并非圆形，此时雷诺数和沿程损失的计算中，需要将非圆管道尺寸折算成当量直径

$$d_e = \frac{4S}{X} \tag{7-15}$$

式中，S 为流体流经的面积；X 为流体与固体边界相接触部分的周长，称为湿周。

如图 7.7 所示，对于矩形流道，当量直径

$$d_e=\frac{4S}{X}=\frac{4ab}{2(a+b)}=\frac{2ab}{a+b}$$

对于圆环形流道

$$d_e=\frac{4S}{X}=\frac{4\,\dfrac{\pi(D^2-d^2)}{4}}{\pi(D+d)}=D-d$$

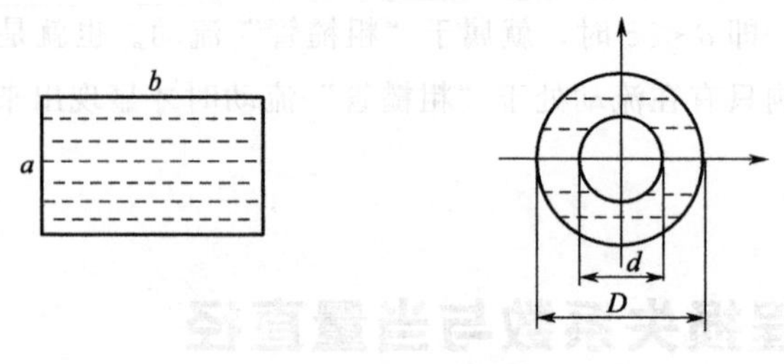

图 7.7　矩形流道与圆环形流道

【例 7-3】 已知一种黏性流体的管内流动，运动黏度 $\nu=1.12\times10^{-4}\ \mathrm{m^2/s}$，流量 $Q=31\times10^{-4}\ \mathrm{m^3/s}$；管道为圆环形，$D=30\mathrm{mm}$，$d=15\mathrm{mm}$，管长 $l=15\mathrm{m}$。求沿程损失。

解：

首先计算管道的当量直径

$$d_e=D-d=15(\mathrm{mm})$$

流速

$$v=\frac{31\times10^{-4}}{\dfrac{\pi(0.030^2-0.015^2)}{4}}=5.85(\mathrm{m/s})$$

雷诺数

$$Re=\frac{vd_e}{\nu}=\frac{5.85\times0.015}{1.12\times10^{-4}}=783.5<2320$$

因此流动为层流，沿程损失系数

$$\lambda=\frac{64}{Re}=\frac{64}{783.5}=0.082$$

沿程损失

$$h_f=\lambda\frac{l}{d_e}\times\frac{v^2}{2g}=0.082\times\frac{15}{0.015}\times\frac{5.85^2}{2\times9.8}=143.2(\mathrm{m})$$

7.6 水击现象

通常情况下，液体一般被认为是不可压缩的流体，但在有压管道流动情况下，由于阀门突然开启或者关闭会导致流速和动量的突变，从而造成压力的突变，这种现象称为**水击现象或水锤现象**。

水击过程中带来的压力升高或者降低，均可达到正常压力的很多倍，或者低很多倍。压力升高可导致工艺管件的破坏，而压力急剧降低也可造成气穴现象或者气蚀现象。水击过程中压力的反复变化也会带来工艺管道的振动。当然，也可利用水击现象为工程服务，如水锤泵。

如图 7.8 所示，在管道 A 处有一个大容量的蓄能器（如储液罐），B 处装有一个阀门，AB 之间为一段管道。

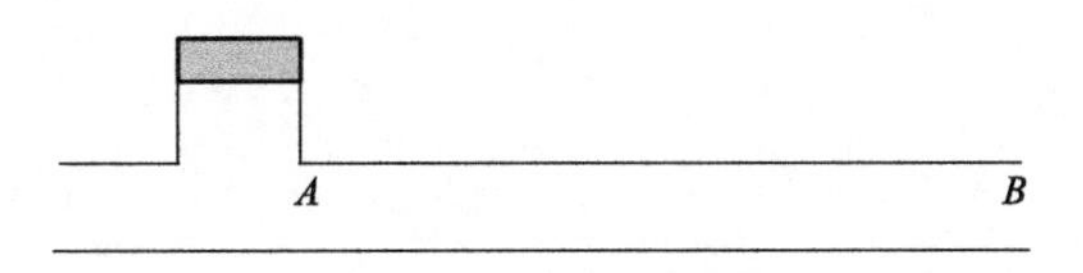

图 7.8　水击典型工艺

当阀门瞬间关闭时，靠近阀门的微段流体停止流动，动能转变为压力势能，压力升高，随后继续向左传递。当升高的压力在升压波的作用下传递到 A 点时，A 点所在微段流体的速度也降为零，接下来在蓄能器的作用下，压力下降，恢复为原有压力，因而形成压差和降压波，产生流速，从 A 点由左至右开始压力和流速的恢复；到 B 点后，出现流体与阀门处的分离，压力降低，然后由右至左，在降压波的作用下，传递到 A 点，被蓄能器截止，压力开始进入恢复过程，又在升压波的作用下由左至右传递到 B 点。如此循环往复传递下去。由于液体的黏性和管道的变形都引起能量损失，因此上述的能量传递过程将会逐渐消耗进而消失。

7.1 某油品运动黏度 $\nu = 1.75 \times 10^{-4}\,\mathrm{m^2/s}$，流量 $Q = 25 \times 10^{-4}\,\mathrm{m^3/s}$，在直径 $d = 80\mathrm{mm}$ 的管道内流动，试判断流动状态是层流还是湍流。

7.2 如图所示的管束，求流体过流的当量直径表达式。

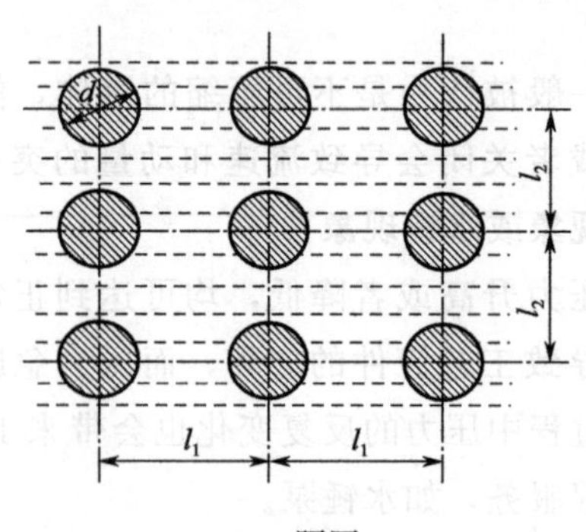

7.2 题图

习题答案

第1章

1.1 0.034Pa·s。

1.2 0.049Pa·s。

1.3 $u=(a-1)e^t+1, v=(b+1)e^t-1; a_x=(a-1)e^t, a_y=(b+1)e^t$。

1.4 ① $x=e^t+t+1, y=2e^t-1$；

② $u=x-t, v=y+1$；

③ $a_x=(a-1)e^t, a_y=(b+1)e^t; a_x=x-t-1, a_y=y+1$。

1.5 ① $a_x=0, a_y=0, a_z=\frac{2z}{(t+2)^2}; a_x=0, a_y=0, a_z=\frac{c}{2}$；

② $y=\frac{b}{a}x, z=\frac{c}{b^2}y^2$。

1.6 ① $a_x=30, a_y=126$；

② 是定常流动。

1.7 $\boldsymbol{a}=(3024, 8, 27)$。

1.8 $\boldsymbol{v}=(2, 16, -10)$；$\boldsymbol{a}=(13, 144, -60)$。

1.9 ① $x=4e^{t-1}-t-1$；$y=2e^{1-t}+t-1$；

② $(x+t)(y-t)=4-t^2$。

1.10 $x=x_1\sqrt{\frac{t_1}{t}}$；$y=y_1e^{2t-2t_1}$；$z=z_1e^{3t_1-3t}$。

1.11 ① x，y，z 三个方向均有线变形，无角变形，无旋转；

② $\mathrm{div}\boldsymbol{v}=0$，流体微元无膨胀；$\mathrm{rot}\boldsymbol{v}=\boldsymbol{0}$。

1.12 是。

1.13 无线变形，有角变形，无旋转。

第2章

2.1 $\boldsymbol{p}_n=(2, -\frac{2}{3}, 1)$。

2.2 小车加速度 $a=4.9\mathrm{m/s^2}$，小车运动方向向右。

2.3 $a=4.9\mathrm{m/s^2}$。

2.4 ① 27.88N；② 53%。

2.5 以容器顶部中心为坐标原点：① $p=p_a-\rho gz+\dfrac{\rho r^2\omega^2}{2}$；② $p=p_a-\rho gz+\dfrac{\rho r^2\omega^2}{2}-\dfrac{\rho D^2\omega^2}{8}$。

2.6 ① 上；② 下；③ 上；④ 下。

2.7 $922.6\mathrm{kg/m^3}$。

第3章

3.1 $x'+L=A\sin(\sqrt{k}t+s)$。

3.2 $\dfrac{\partial\rho}{\partial t}+\dfrac{\partial}{r\partial r}(\rho v_r r)+\dfrac{\partial}{r\partial\theta}(\rho v_\theta)+\dfrac{\partial}{\partial z}(\rho v_z)=0$。

3.3 $\rho\dfrac{\mathrm{D}\boldsymbol{v}}{\mathrm{D}t}=\rho\boldsymbol{f}+\dfrac{1}{r}\left[\dfrac{\partial}{\partial r}(r\boldsymbol{p}_r)+\dfrac{\partial}{\partial\theta}(\boldsymbol{p}_\theta)+\dfrac{\partial}{\partial z}(r\boldsymbol{p}_z)\right]$。

3.4 $\dfrac{D^2h}{d^2v}$。

3.5 $2v_0$。

3.6 $-\mathrm{e}^x\sin y$。

3.7 $-(3+10y)z+C$(常数)。

3.8 ① 一维流动；② 二维流动；③ 二维流动；④ 三维流动；⑤ 三维流动。

第4章

4.1 $0.574\mathrm{m^3/s}$。

4.2 4.18m。

4.3 $\dfrac{1}{\sqrt{2g}}\left(\dfrac{D}{d}\right)^2(\sqrt{z+h_0}-\sqrt{z-h_0})$。

4.4 $Q_1=\dfrac{Q_0}{2}(1+\cos\theta)$，$Q_2=\dfrac{Q_0}{2}(1-\cos\theta)$，$F_y=-\rho Q_0v_0\sin\theta$。

第5章

5.1 $\boldsymbol{\omega}=-\boldsymbol{i}+\boldsymbol{k}$；涡线方程：$y=c_1$，$z=-x+c_2$。

5.2 $\boldsymbol{\omega}=-3\boldsymbol{i}-\boldsymbol{j}-2\boldsymbol{k}$；涡线方程：$x=3y+c_1$，$z=2y+c_2$。

5.3 $-\frac{x^2}{2}+x^2y-\frac{y^3}{3}+\frac{y^2}{2}$。

5.4 $\frac{x^2}{2}-\frac{y^2}{2}+x+2y$。

5.5 ① $a=d$，$c=b$；② $\psi=\frac{b}{2}(y^2-x^2)+axy$。

5.6 ① 不存在；② 存在。

第6章

6.1 6km/h。

6.2 $1\times10^{-5}\mathrm{m^2/s}$。

6.3 略。

6.4 $q=k\frac{d^4\Delta p}{\mu l}$。

6.5 $v=f(Re)\sqrt{\frac{\Delta p}{\rho}}$。

第7章

7.1 层流。

7.2 $\frac{4l_1l_2}{\pi d}-d$。

参 考 文 献

[1] 孙文策．工程流体力学［M］．大连：大连理工大学出版社，2000.

[2] 周光垌，严宗毅，许世雄，等．流体力学［M］．2版．北京：高等教育出版社，2000.

[3] Frank M White. Fluid Mechanics［M］．5th ed. 北京：清华大学出版社，2004.

[4] 林建忠，阮晓东，陈邦国，等．流体力学［M］．北京：清华大学出版社，2005.

[5] Yunus A Cengel，John M Cimbala. Fluid Mechanics Fundamentals and Applications［M］．2nd ed. 北京：机械工业出版社，2013.

[6] 吴望一．流体力学［M］. 北京：北京大学出版社，1982.

[7] 陈洁，袁铁江．工程流体力学学习指导及习题解答［M］．北京：清华大学出版社，2015.

[8] 赵孝保，周欣．工程流体力学［M］．3版．南京：东南大学出版社，2012.

[9] 王福军．计算流体动力学分析：CFD软件原理与应用［M］．北京：清华大学出版社，2004.

[10] 孙祥海．流体力学［M］．上海：上海交通大学出版社，2002.

[11] 张也影．流体力学［M］．北京：高等教育出版社，2004.

[12] 赵毅山，程军．流体力学［M］．上海：同济大学出版社，2004.

[13] 王先智．物理流体力学［M］．北京：清华大学出版社，2018.